AF331019

...ITHMÉTIQUE

MATERNELLE,

PAR

V.-M. ANGLIVIEL DE LA BEAUMELLE,

Colonel du Génie.

OEUVRE POSTHUME.

<table>
<tr><td>

PARIS,

L. HACHETTE, LIBRAIRE,

RUE PIERRE-SARRAZIN.

</td><td>

TOULOUSE,

BON ET PRIVAT LIBRAIRES,

HÔTEL DE CASTELLANE.

</td></tr>
</table>

1841.

ARITHMÉTIQUE

MATÉRNELLE,

PAR

V.-M. ANGLIVIEL DE LA BEAUMELLE,

Colonel du Génie.

OEUVRE POSTHUME.

<table>
<tr><td>PARIS,</td><td>TOULOUSE,</td></tr>
<tr><td>L. HACHETTE, LIBRAIRE,
RUE PIERRE-SARRAZIN.</td><td>BON ET PRIVAT LIBRAIRES,
HÔTEL DE CASTELLANE.</td></tr>
</table>

1841.

AVIS DES ÉDITEURS.

Cette nouvelle méthode d'enseigner les mathématiques a été trouvée par Moïse-Victor ANGLIVIEL DE LA BEAUMELLE, colonel du génie, né à Mazères, département de l'Ariége, le 21 Septembre 1772, mort à Rio-Janeiro le 29 Mai 1831.

Il était fils du littérateur célèbre de ce nom, et il était connu lui-même dans les lettres par sa participation aux *Théâtres étrangers*, pour la partie espagnole, et par une *Histoire de l'empire du Brésil*. L'infidélité d'un libraire prive le monde savant d'une statistique de ce pays, qu'on disait être le chef-d'œuvre du genre. Il a laissé plusieurs ouvrages manuscrits, notamment trois volumes d'*Observations sur l'Espagne*, que nous nous proposons de publier. M. de la Beaumelle avait approfondi tous les arts et toutes les connaissances humaines, et nous ne penserions point nous écarter de la vérité en disant que c'était une des plus fortes têtes qui eussent paru en Europe depuis Leibnitz.

Ce que nous publions maintenant de sa *Nouvelle méthode,* ne traite que de l'arithmétique seule, et forme à cet égard un traité complet. Nous réservons pour une autre publication l'*Algèbre,* avec une préface de l'auteur, qui nous a paru trop étendue et trop savante pour ce qui n'était destiné qu'à l'enseignement élémentaire. Nous ne ferons point l'éloge de cette partie de l'ouvrage : qu'il nous suffise de dire que le ministre Carnot, pendant les Cent-Jours, avait résolu de le faire imprimer à l'imprimerie impériale, et d'en prescrire l'usage dans tous les lycées. Quoique le mode d'enseignement soit plus libre aujourd'hui, nous ne pensons pas moins qu'on sera de l'avis de ce grand mathématicien.

TOULOUSE. — IMPRIMERIE D'AUGUSTIN MANAVIT.

ARITHMÉTIQUE

MATERNELLE.

LIVRE PREMIER.

PREMIÈRE LEÇON.

Le Maître. Combien y a-t-il là de haricots ? (*en les présentant à la fois dans sa main.*)

Le Disciple. Je n'en sais rien.

Le M. Pouvez-vous le savoir ?

Le D. Oui, en les comptant.

Le M. Comptez-les.

Le D. Un, deux, trois, quatre,..... dix-neuf.

Le M. Comment ferez-vous pour savoir si vous ne vous êtes pas trompé ?

Le D. Je les recompterai.

Le M. Il y a une autre manière. Quoiqu'il y ait moins de risque de se tromper en faisant plusieurs fois la même opération qu'en la faisant une seule, cependant il vaut mieux arriver au résultat par une opération différente, parce que les mêmes causes d'erreur ne peuvent pas se représenter.

Le D. Et quelle autre opération peut-il y avoir à faire ?

1

Le M. Décompter.

Le D. Qu'est-ce que décompter ?

Le M. Pour compter vos haricots, vous avez nommé l'un après l'autre tous les mots depuis un jusqu'à dix-neuf ; à présent commencez à dix-neuf, et répétez les mêmes mots en sens contraire, un sur chaque haricot ; si, lorsque vous prononcerez un, il ne vous reste qu'un haricot, les deux opérations seront bien faites.

Le D. C'est bien plus difficile que de compter.

Le M. Cela ne le sera pas davantage lorsque vous en aurez l'habitude.

Le D. Dix-neuf, dix-huit, dix-sept ,..... un ; c'est le compte.

Le M. Dites-moi ce que c'est qu'un nombre ?

Le D. Je n'en sais rien, ou plutôt, je ne sais pas vous le dire.

Le M. Quel est le nombre de ces haricots ?

Le D. Dix-neuf.

Le M. Combien y a-t-il là de haricots ?

Le D. Dix-neuf.

Le M. *en ôte un*. A présent combien y en a-t-il ?

Le D. Dix-huit.

Le M. Et quel en est le nombre ?

Le D. Dix-huit.

Le M. Qu'est-ce que le nombre de ces haricots ?

Le D. Ce sont les mots dix-huit et dix-neuf qui expriment combien il y a de haricots. Ainsi un nombre est un ou plusieurs mots qui expriment combien il y a d'une chose.

Le M. Les mots *beaucoup, plusieurs, peu, moins, davantage,* sont-ils des nombres ?

Le D. Non, parce qu'ils n'indiquent pas précisément combien il y a de la chose comptée.

Le M. Y a-t-il beaucoup de nombres ?

Le D. Certainement.

Le M. Y a-t-il beaucoup de mots pour signifier ces nombres ?

Le D. Un, deux,..... seize. Je recommence après seize avec des mots que j'ai déjà dits : vingt,... trente,..... quarante,........ nonante,..... cent.

Après cent, on recommence encore. jusqu'à deux cents,..... mille.

Cela ne fait pas beaucoup de mots différens.

Le M. Il pourrait y en avoir bien moins ; on pourrait dire, comme les Espagnols, dix et six, au lieu de seize, et comme d'autres peuples, dix et un, dix et onze.

On pourrait dire deux dix, trois dix, comme on dit deux cents, trois cents, deux mille, trois mille. Ces irrégularités viennent de ce que notre langue est dérivée de la latine, qui, dérivée de la grecque et de l'étrusque, avait marié le *decem* et le *duo,* qu'elle avait empruntés à l'une, avec le *ginta* et le *bis,* qu'elle avait conservés de la seconde. Tels qu'ils sont, ces mots sont assez commodes, sans doute , puisque avec eux on peut exprimer tous les nombres.

[On fait compter et décompter des nombres de plus en plus forts , jusqu'à ce que l'élève ait presque autant de facilité à l'un qu'à l'autre. On fera prendre dans un sac des quantités égales , tantôt en comptant jusqu'au nombre désigné , tantôt en décomptant de ce nombre jusqu'à un , et on fera observer qu'elles sont exactement les mêmes.]

SECONDE LEÇON.

Le M. Ne pourrait-on pas abréger nos opérations en comptant plusieurs choses à la fois ?

Le D. Ce serait plus tôt fait , mais ce serait plus difficile.

Le M. Ce ne doit pas être une raison pour ne pas le faire. Vous savez ce que c'est qu'une paire ?

Le D. Deux d'une chose.

Le M. Eh bien ! comptez ces haricots par paires.

Le D. Deux, trois, quatre,..... quatorze paires.

Le M. Combien cela fait-il de haricots ?

Le D. Il faut que je les compte un à un.

Le M. Vous n'auriez alors rien gagné. Placez une paire.

Le D. La voilà.

Le M. Combien y en a-t-il ?

Le D. Deux.

Le M. Placez-en une autre.

Le D. La voilà.

Le M. Combien y en a-t-il ?

Le D. Trois, quatre.

Le M. Continuez en ne prononçant à haute voix que le dernier nombre de chaque paire.

Le D. Six, huit, dix,..... vingt-huit.

[A l'aide de plusieurs opérations pareilles, l'habitude de la série des nombres pairs se prendra en assez peu de temps.]

Le M. Décomptez par deux.

Le D. Vingt-huit, vingt-six, vingt-quatre,..... deux.

Le M. Que remarquez-vous dans les nombres que vous comptez par deux ou par paires ?

Le D. Je ne dis pas tous les noms de nombre ; j'ai toujours deux, quatre, six, huit, dix, douze, quatorze, seize, vingt, et ceux qui finissent en *ante*. Les autres, un, trois,..... quinze, ne se présentent jamais.

Le M. Les nombres que vous trouvez s'appellent des nombres pairs, parce qu'ils servent à compter les paires.

Le D. Et les autres sont des nombres impairs.

Le M. Voilà trente et un haricots.

Le D. C'est un nombre impair, parce qu'il finit par un.

Le M. Décomptez-le par deux.

Le D. Trente et un , vingt-neuf , vingt-sept,.... trois , un ; ce ne sont que des nombres impairs.

Le M. Pourquoi cela ?

Le D. Parce que d'un nombre impair à un autre, il y a deux ou une paire de plus ou de moins , comme d'un nombre pair à un autre.

[On fera répéter cette leçon jusqu'à ce que l'élève soit suffisamment habitué aux séries paires et impaires.]

TROISIÈME LEÇON.

Le M. Comptez ces haricots par trois.

Le D. Comment ferai-je ?

Le M. Comme vous avez fait pour compter par deux ; vous les prendrez trois à trois , et en les comptant vous ne prononcerez à chaque fois que le nombre du dernier.

Le D. Trois , six , neuf , douze ,..... vingt-sept.

Le M. Décomptez par trois.

Le D. Vingt-sept, vingt-quatre, vingt et un,..... six ; trois.

Le M. Que remarquez-vous sur ces nombres ?

Le D. Rien ; ils sont indifféremment pairs ou impairs.

Le M. Regardez-y , et vous verrez qu'ils ne viennent pas indifféremment.

Le D. Le premier est trois, impair; le second six, pair; le troisième neuf, impair; le quatrième douze, pair. Ils sont pairs et impairs alternativement.

Le M. Pourquoi cela?

Le D. Je n'en sais rien.

Le M. Cherchez-en la raison; elle sera la même que vous avez trouvée pour répondre à une autre question.

Le D. C'est que dans deux paquets de trois, il y a trois paires.

Le M. Comptez ces haricots par trois.

Le D. Trois, six, neuf, douze,..... vingt-quatre, vingt-sept; il reste deux, vingt-neuf.

Le M. Décomptez-les par trois.

Le D. Vingt-neuf, vingt-six, vingt-trois,..... cinq; il reste deux.

[Il faudra surtout répéter les comptes en commençant par rien, c'est-à-dire, la série des nombres ternaires, qu'il est utile de posséder.]

Le M. A présent vous pourrez compter par quatre.

Le D. A quoi cela servira-t-il?

Le M. A vous exercer d'abord, et puis à apprendre d'autres choses.

Le D. Quatre, huit, douze,..... quarante.

Le M. Quel nombre trouvez-vous?

Le D. Des nombres pairs, et cela parce que quatre est composé de deux paires.

Le M. Voilà deux haricots ; comptez à présent par quatre.

Le D. Deux, six, dix ,..... trente-huit.

Le M. Que sont ces nombres ?

Le D. Ils sont tous pairs , mais différens de ceux que j'ai trouvés la première fois ; alors j'ai compté des nombres pairs de paires , et à présent des nombres impairs.

Le M. Les premiers s'appellent aussi *pairement pairs ;* mais cette expression est peu usitée. Comptez ces haricots par quatre.

Le D. Quatre, huit, douze ,..... trente-six ; il en reste trois , trente-neuf.

Le M. Décomptez par quatre ce même tas.

Le D. Trente-neuf, trente-cinq , trente et un ,... sept , trois ; je n'ai eu que des nombres impairs, comme je devais m'y attendre.

QUATRIÈME LEÇON.

Le M. Comptez par cinq.

Le D. Ce sera encore plus difficile.

Le M. Essayez.

Le D. Cinq , dix, quinze , vingt ,..... quarante-cinq.

Le M. C'est-il plus difficile ?

Le D. Au contraire, c'est bien plus aisé ; je n'ai que des cinq et des dix.

Le M. Pourquoi cela ?

Le D. Parce qu'on recommence à compter après les dix ; et comme deux fois cinq font dix , on y retombe toujours.

Le M. Voilà un haricot ; comptez par cinq ceux que je vous donne là.

Le D. Un, six, onze,...... trente et un, trente-six.

Le M. Qué remarquez-vous ?

Le D. Que c'est la même chose ; je n'ai que des un et des six.

[On le fait compter et décompter ainsi par cinq, en commençant par tous les nombres : ce travail n'est pas difficile.]

Le M. Qu'avez-vous trouvé à observer dans ces différens comptes ?

Le D. Que l'on ne rencontre jamais que deux espèces de nombres quand on compte par cinq. Si l'on commence par trois, on trouve toujours des huit, et on revient ensuite aux trois. Cela vient, comme je vous l'ai dit, de ce que chaque paire de cinq que l'on compte équivaut à une dixaine.

Le M. Qu'avez-vous à remarquer sur la parité des nombres ?

Le D. Que des deux que l'on répète, l'un est pair et l'autre impair, parce qu'il y a de l'un à l'autre deux paires et un ; qu'ainsi ils reviennent alternativement comme lorsque l'on compte par trois.

1*

[On fait compter et décompter l'élève par six, sept et huit. On n'insistera pas beaucoup sur ce qu'il acquière de la facilité dans ces opérations en portant des nombres intermédiaires ; mais il faut le tenir sur les séries naturelles, six, douze, dix-huit ;..... sept, quatorze, etc., jusqu'à ce qu'elles lui deviennent presque aussi familières que celles de trois, six, neuf..... Comme il ne pourra pas aisément juger à l'œil les nombres au-dessus de cinq, on pourra les lui faire mettre par rangées, composées chacune du nombre à compter ; mais il faudra que de temps en temps il les compte sans ce secours.]

Le M. Lorsque vous avez compté par deux, tous les nombres étaient pairs ?

Le D. Oui.

Le M. Lorsque vous avez compté par trois ?

Le D. Pairs et impairs alternativement.

Le M. Par quatre ?

Le D. Toujours pairs.

Le M. Par cinq ?

Le D. Alternatifs, comme par sept ; et par six et huit, toujours pairs.

Le M. Tirez de tout cela une conclusion générale.

Le D. C'est que lorsque l'on compte par des nombres pairs, les nombres sont toujours pairs, et que lorsque l'on compte par des nombres impairs, ils sont pairs et impairs alternativement.

Le M. Quelle en est la raison ?

Le D. La même pour tous les impairs que pour trois. Deux paquets de cinq font cinq paires, et deux paquets de sept, sept paires.

CINQUIÈME LEÇON.

Le M. Comptez par neuf.

Le D. Neuf, dix-huit, vingt-sept,..... septante-deux.

Le M. Remarquez-vous autre chose que l'alternative des nombres pairs et impairs ?

Le D. Non, si ce n'est que c'est fort pénible.

Le M. Par quel nombre avez-vous commencé ?

Le D. Par neuf.

Le M. Par quel mot finit le second nombre que vous avez trouvé après ?

Le D. Par huit.

Le M. Et le troisième ?

Le D. Par sept ; le quatrième par six. Ainsi, le dernier mot du nombre diminue d'un à chaque fois, et le premier mot augmente de dix. A présent c'est bien plus aisé.

Le M. Quelle est la raison de cette propriété ?

Le D. C'est que l'on compte par neuf ; c'est comme si l'on comptait par dix et que l'on décomptât un.

[Cette prérogative du nombre neuf facilitant un peu les comptes, il n'y aura pas de mal à insister sur cette opération plus que sur les précédentes.]

Le M. Comptez par dix.

Le D. Oh! cela me sera bien aisé : dix, vingt, trente, quarante,...... nonante.

Le M. Comptez par dix, en commençant par deux.

Le D. Deux, douze, vingt-deux,...... cinquante-deux.

[On fera faire tous les comptes et décomptes par tous les nombres. Ils ne présentent aucune difficulté, et à coup sûr la prononciation de l'élève devancera de beaucoup l'arrangement des haricots.]

Le M. Pourquoi est-il plus facile de compter par dix que par des nombres plus faibles?

Le D. Parce que les nombres sont arrangés pour recommencer de dix en dix.

Le M. Cette manière de compter est à peu près universelle dans toutes les langues; cependant il y en a où l'on recommence après cinq à compter cinq et un, cinq et deux. Comme les peuples qui s'en servent sont peu connus et ne sont pas de grands calculateurs, je ne sais s'ils recommencent après vingt-cinq.

La langue basque a une double arithmétique, par dix et par vingt. Cinquante-quatre est deux-vingt-dix et quatre. Cependant ils ont les mots

cent, deux cents, trois cents, qu'ils emploient con-
curremment avec cinq-vingts, dix-vingts, quinze-
vingts. Les mots quatre-vingts, quatre-vingt-dix,
soixante-dix, six-vingts, qui sont encore en usage
en France, sont des restes d'une habitude pareille.

———

SIXIÈME LEÇON.

Le M. Savez-vous faire une addition?

Le D. Non.

Le M. Comptez sept haricots; — comptez-en
encore neuf. Combien y en a-t-il?

Le D. ●●●●●● | ●●●●●●●● — Seize.

Le M. Voilà sept haricots. Comptez par neuf.

Le D. Sept, seize.

Le M. Combien font sept et neuf, ou ajoutés à
neuf?

Le D. Seize.

Le M. Ajouter deux nombres, c'est faire une addition. Vous ajoutez neuf à sept; c'était la même
chose que compter neuf en commençant par sept.
Ainsi, faire une addition n'est autre chose que
compter. Combien font huit, deux, sept et cinq?

Le D. ●●●●●●● | ●● | ●●●●●● | ●●●●● —
Huit; je compte par deux, dix; je compte par
sept, dix-sept; je compte par cinq, vingt-deux.

Le M. On prononce : Huit et deux font dix, et

sept font dix-sept, et cinq font vingt-deux; ou bien huit plus deux, dix; plus sept, dix-sept; plus cinq, vingt-deux. — Ajoutez cinq à huit.

Le D. Huit plus cinq, treize.

Le M. Ajoutez huit à cinq.

Le D. Cinq plus huit, treize.

Le M. Pourquoi est-ce la même chose?

Le D. Parce que quand j'ai rangé mes deux nombres l'un à la suite de l'autre, il n'importe plus que l'on commence à compter la file par un bout ou par l'autre.

[On fera beaucoup d'additions de nombres simples; quelquefois pour ne pas les oublier on les écrira, et l'élève de lui-même; et pour s'éviter la peine de compter les haricots, il les additionnera en les lisant. Il faudra ensuite l'accoutumer à les additionner à mesure qu'il les entendra prononcer. La facilité de calculer de tête, chose qui s'apprend par l'habitude, comme toutes les autres, est une faculté extrêmement utile, et que l'on ne peut acquérir qu'en y appliquant de bonne heure sa mémoire et sa réflexion.]

Le M. Lorsque vous avez ajouté deux nombres, vous en avez un troisième?

Le D. Oui, qui est aussi grand que les deux autres.

Le M. C'est ce que l'on appelle la *somme*. C'est pour avoir la somme, c'est-à-dire, pour réunir plusieurs nombres en un seul, que l'on fait l'addition.

Le D. En sorte que c'est compter plusieurs nombres à la suite l'un de l'autre, pour connaître le nombre égal à tous les autres ensemble, et que l'on appelle la somme.

SEPTIÈME LEÇON.

Le M. Savez-vous ce que c'est que soustraire?

Le D. C'est la même chose que retrancher.

Le M. Et en arithmétique, que sera-ce que faire une soustraction?

Le D. Retrancher un nombre.

Le M. Savez-vous faire une soustraction?

Le D. Puisque additionner c'est compter, soustraire ce sera décompter.

Le M. Voilà treize haricots; il faut en soustraire neuf.

Le D. ●●●● | ●●●●●●●●● — Treize; je décompte par neuf, il reste quatre.

Le M. On prononce : De treize ôtez neuf, reste quatre; ou bien, ce qui vaut mieux : treize moins neuf, quatre. Le quatre s'appelle le *reste* ou la *différence*. On pourrait appeler le nombre duquel on ôte l'autre, le *soustrayande*, et celui-ci le *soustracteur*. Je m'en servirai avec vous, pour avoir plus tôt fait; mais je vous préviens qu'ils ne sont pas très-usités.—Pourquoi dans le commencement vous ai-je fait décompter?

Le D. Pour savoir si j'avais bien fait un compte.

Le M. Et à quoi pourra nous servir la soustraction?

Le D. A savoir si une addition a été bien faite.

Le M. Et de même, quand vous aurez fait une soustraction, comment la vérifierez-vous?

Le D. Par l'addition.

Le M. Quels nombres ajouterez-vous?

Le D. Le soustracteur et la différence; la somme de ces deux parties doit être le soustrayande.

[On fait faire avec ces haricots, et de tête, différentes soustractions de nombres peu considérables, soit en les proposant directement, soit comme preuves d'additions.]

HUITIÈME LEÇON.

Le M. Comptez ces haricots par sept.

Le D. Tout ce tas?

Le M. Non. Comptez par sept cinq fois.

Le D. Ce seront cinq rangées de sept : sept, quatorze, vingt et un, vingt-huit, trente-cinq.

●●●●●●● | ●●●●●●● | ●●●●●●● | ●●●●●●● | ●●●●●●●

Le M. Vous auriez mieux fait de faire vos rangées l'une au-dessous de l'autre; vous auriez mieux vu si elles étaient égales. — Comptez par six quatre fois.

Le D. ● ● ● ● ● ●
     ● ● ● ● ○ ●   Six, douze, dix-huit, vingt-
     ● ● ○ ● ● ○   quatre.
     ○ ● ○ ● ● ○

Le M. Ajoutez six à rien quatre fois.

Le D. C'est ce que je viens de faire. L'un s'appelle compte, l'autre addition; la somme est vingt-quatre.

Le M. Multipliez six par quatre.

Le D. Je ne sais pas ce que cela veut dire.

Le M. Combien font quatre fois six?

Le D. C'est ce que je viens de faire deux fois. Quatre fois une rangée de six font vingt-quatre.

Le M. Eh bien! c'est une multiplication que vous venez de faire.

Le D. Ce n'est qu'une addition, et encore plus facile, parce que les articles que l'on ajoute sont toujours les mêmes.

Le M. Combien font sept fois cinq?

Le D. Je l'ai déjà compté. Trente-cinq.

Le M. Et cinq fois sept?

[S'il hésite, il faut lui faire faire l'opération.]

Le D. Trente-cinq aussi.

Le M. Pourquoi cela?

Le D. Parce que lorsque les haricots sont bien

rangés, je puis aussi bien trouver cinq rangs de sept que sept rangs de cinq.

[L'élève sait déjà tous les nombres de la table de Pythagore, c'est-à-dire, des produits des nombres simples l'un par l'autre; il les a trouvés en comptant par ces nombres. Il faudra lui faire faire des multiplications, jusqu'à ce qu'il la sache par cœur, sous la nouvelle forme qu'elle doit prendre dans sa mémoire. Il faudra l'habituer surtout à multiplier indifféremment les petits nombres par les petits, comme les petits par les grands.]

Le M. Le nombre que l'on cherche dans l'addition a un nom particulier; il s'appelle *somme*. La somme de parties égales que l'on cherche dans la multiplication a aussi un nom; elle prend celui de *produit*. Trente-cinq est le produit de sept par cinq.

Le D. Comment s'appellent les deux autres nombres?

Le M. Celui qui indique le nombre de choses à multiplier, se nomme *multiplicande;* celui qui annonce combien on doit le prendre de fois, est appelé *multiplicateur*.

NEUVIÈME LEÇON.

Le M. Comptez cinquante-quatre haricots. — Décomptez-les par neuf.

(19)

Le D. •••••••• | •••••••• | •••••••••
•••••••• | •••••••• | ••••••••

Cinquante-quatre, quarante-cinq...., neuf, rien.

Le M. Combien avez-vous décompté de fois?

Le D. Six, en comptant la dernière.

Le M. Soustrayez six fois neuf de cinquante-quatre.

Le D. Je ferai ce que j'ai déjà fait; il ne me res-tera rien.

Le M. En cinquante-quatre, combien y a-t-il de fois neuf?

Le D. Six. Cette opération est la même que sous-traire ou décompter.—A-t-elle un nom particulier?

Le M. C'est la division. Reprenez vos haricots, partagez-les en six portions égales, en les mettant un à un, par six tas différens.

Le D. ••••••
••••••
••••••
••••••
•••••• Il y en a neuf à chaque rangée.
••••••
••••••
••••••
••••••

Le M. Dans le premier cas vous avez soustrait, dans celui-ci vous avez partagé ; le résultat est le même.

Le D. Y a-t-il des noms particuliers pour tous ces nombres?

Le M. Oui.

Le D. Comment s'appelle le gros nombre qu'on divise, et qui ressemble à un produit lorsqu'il est disposé en rangées?

Le M. Le *dividende*.

Le D. Et le nombre duquel on veut savoir combien de fois il est dans l'autre?

Le M. C'est selon. Si l'on connaît ce nombre et qu'on cherche le nombre de fois; enfin, si on le soustrait du dividende, il est le *diviseur*, et le nombre de fois est le *quotient*. Si, au contraire, on sait le nombre de fois, qu'il s'agisse de partager et de connaître chaque portion, c'est le nombre de fois qui est le diviseur, et celui qui indique le nombre est le quotient.

Le D. Il me semble que cela devrait être la même chose.

Le M. Vous avez partagé cinquante-quatre en six portions; chacune a été de neuf, six étant le diviseur et neuf le quotient.

Quand je vous avais fait retrancher neuf de cinquante-quatre, neuf était le diviseur, et vous avez trouvé qu'on pouvait le soustraire six fois; c'est le quotient.

Le D. Je ne comprends pas bien cela.

Le M. Il y a douze pommes; c'est un dividende.

Maintenant si je les partage entre quatre personnes, combien y en aura-t-il pour chacune?

Le D. Le quotient sera trois pommes et le diviseur quatre personnes.

Le M. Si j'ai des lots faits de quatre pommes, pour combien de personnes y en aura-t-il?

Le D. Le diviseur sera quatre pommes et le quotient trois personnes.

Le M. Vous voyez que quoique le dividende soit toujours le même, le quotient peut changer de nature. A présent divisez soixante par huit; soustraisez huit de soixante.

Le D. 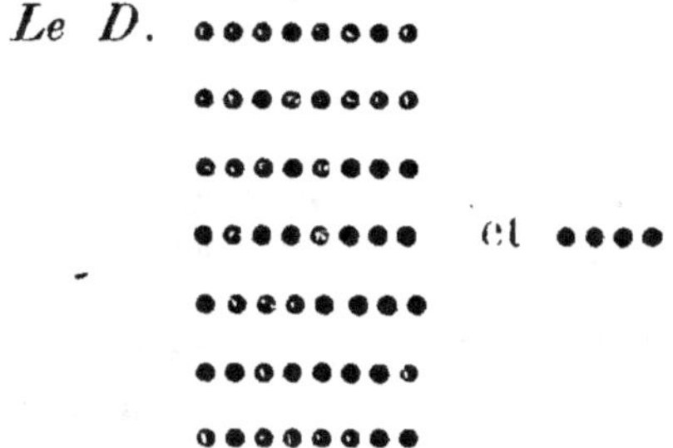

On peut le soustraire sept fois; le quotient est sept, mais il *reste* quatre.

Le M. Voilà encore un quatrième mot qu'emploie la division. Comment ferons-nous pour savoir si une division est bien faite?

Le D. En multipliant le quotient par le diviseur on doit retrouver le dividende, en y ajoutant le reste.

Le M. Ne peut-elle pas nous servir, enfin, à vérifier la multiplication?

Le D. Sans doute. Si le produit est bon, en le
divisant par le multiplicateur, on doit retrouver le
multiplicande, et en divisant par le multiplicande,
retrouver le multiplicateur.

[Tout en faisant les leçons suivantes, on continue
à faire faire des multiplications et des divisions,
toujours de nombres simples, avec ou sans restes.
L'élève, au bout de peu de temps, fera les unes et
les autres de mémoire et à la simple vue.]

DIXIÈME LEÇON.

Le M. Nous nous sommes occupés des résultats
de la division, et comme c'est assez difficile, vous
ne l'avez pas très-bien compris. Reprenons les choses de plus haut. Ajoutez des haricots à des haricots.

Le D. C'est compter des haricots.

Le M. Que sera la somme?

Le D. Des haricots.

Le M. Si l'on vous disait de faire avec vos haricots un compte comme celui-ci : Paul a dix journées, Pierre sept, Jacques neuf, François six, pourriez-vous faire le compte?

Le D. Sans doute ; je mettrais chaque haricot
pour une journée :

Paul,   ●●●●●●●●●
Pierre,   ●●●●●●●
Jacques,   ●●●●●●●●
François,   ●●●●●●

Somme, trente-deux haricots, qui représentent trente-deux journées. Je puis même le faire sans haricots, en disant : Dix plus sept, dix-sept; plus neuf, vingt-six; plus six, trente-deux.

Le M. Pour la soustraction en est-il de même?

Le D. Sans doute, parce que mes haricots représentent des haricots, des fèves, des journées ou des montagnes. Les nombres sont les mêmes, et deux et trois font toujours cinq.

Le M. De sorte qu'il est indifférent de savoir ce que l'on additionne?

Le D. Sûrement.

Le M. Additionnez donc huit haricots et six fèves.

Le D. La somme est quatorze.

Le M. Quatorze quoi?

Le D. Je me suis trompé. Cela fait six fèves et huit haricots, ou quatorze graines, quatorze choses.

Le M. De même qu'il n'est pas indifférent, comme vous le pensiez, de savoir ce que l'on additionne; il faut que ce soient des choses de la même nature, sans quoi on ne peut point en savoir la somme.

Le D. Par la même raison, il faudra qu'elles

soient de même nature pour la soustraction, et on ne peut pas retrancher six chevaux de huit moutons.

Le M. C'est au moins aussi difficile que les ajouter. Ainsi la somme dans l'addition et le reste dans la soustraction seront toujours de la même espèce que les parties. — Que sera-ce de la multiplication?

Le D. La même chose.

Le M. Si vous distribuez douze fèves à chacun de six moutons, quelle opération ferez-vous pour savoir le nombre de fèves à distribuer?

Le D. Une multiplication.

Le M. Quel sera le multiplicande?

Le D. Des fèves.

Le M. Et le multiplicateur?

Le D. Des moutons.

Le M. Et le produit?

Le D. Des fèves. Je m'étais trompé, parce qu'on n'ajoute pas le multiplicateur; il ne sert qu'à savoir combien on doit faire de rangées. Le produit sera toujours de la nature du multiplicande. Mais que sera le multiplicateur?

Le M. Si, au lieu de moutons, vous distribuiez vos fèves à des chèvres ou à des lapins, en égal nombre, cela changerait-il le produit?

Le D. Non; il serait toujours des fèves.

Le M. Et si vous mettiez des pommes de terre au lieu de fèves, le multiplicateur étant le même?

(25)

Le D. Le produit serait changé.

Le M. Un nombre, tel qu'est dans cet exemple celui de six brebis, dont on peut changer l'espèce sans changer le résultat, ou, comme vous disiez bien, n'est qu'un nombre de fois, s'appelle un nombre abstrait; les autres sont des nombres concrets, et sont les seuls qui représentent quelque chose d'existant.

Le D. Cependant il est indifférent de multiplier par l'un ou l'autre des deux nombres; le produit est toujours le même.

Le M. Il y a le même nombre. Mais si on s'était proposé une fausse question, il faudrait changer l'espèce du produit. Si vous aviez multiplié six brebis par douze fèves, vous auriez eu toujours septante-deux; mais vous auriez remis au résultat le nom de l'espèce qu'il devait représenter.

Le D. A présent je comprendrai bien la division. Le dividende, qui est le produit, est toujours concret : quand il s'agit de chercher le nombre de parts, c'est le diviseur qui est abstrait, et le quotient est de l'espèce du dividende ; quand il s'agit de savoir combien de fois il y a une portion déterminée, cette part est évidemment de l'espèce du dividende, c'est le diviseur, et le quotient est un nombre abstrait.

Le M. Maintenant diviser cinquante-quatre haricots en six; ou bien, savoir combien de fois six haricots sont dans cinquante-quatre, est-ce la même chose ?

Le D. Le quotient est toujours neuf; mais il est neuf haricots dans le premier cas et neuf fois dans le second.

———

ONZIÈME LEÇON.

Le M. Il y a encore un mot usité en arithmétique, et que vous devez savoir : l'*unité*. Comprenez-vous ce que cela veut dire ?

Le D. C'est un d'une chose.

Le M. Lorsque vous comptez des haricots, un haricot est votre unité; si vous leur faites représenter des montagnes, une montagne sera votre unité; si vous dites six haricots et quatre fèves, vous avez des nombres d'unités différentes; si votre unité est graine, vous pourrez faire la somme, et dire dix graines.

Le D. Mais cette addition ne signifierait rien.

Le M. Si on vous demande combien vous avez de pièces de monnaie dans la poche, répondrez-vous en comptant combien elles valent de sous ou de francs ?

Le D. Non; j'ai eu tort. Dans ce dernier cas l'unité est une pièce de monnaie.

Le M. L'unité de compte peut n'être pas une chose seule.

Le D. Comment? Alors elle ne sera plus l'unité?

Le M. Dites-moi combien font dix sacs de mille francs et cinq sacs de mille francs?

Le D. Quinze sacs. L'unité est un sac.

Le M. De même trois troupeaux et cinq troupeaux font huit troupeaux. Lorsque l'on dit une lieue, on dit un nombre de mètres ou de toises très-considérable. Un jour est composé de vingt-quatre heures, qui se divisent encore, et on compte l'âge des hommes par années, qui sont chacune composées de bien des jours.

Le D. Alors on peut ajouter des unités de différentes espèces.

Le M. Pourquoi?

Le D. On peut additionner des mois avec des années.

Le M. Comment cela?

Le D. Si on ajoute sept mois à dix ans.

Le M. On a dix ans et sept mois, et non pas dix-sept mois, ni dix-sept ans.

Le D. Mais si l'on ajoute encore sept mois?

Le M. On a dix ans et quatorze mois. Comme quatorze mois valent un an et deux mois, vous avez un nouveau nombre, résultat d'une division, et vous pouvez faire l'addition de cet an là. Vous avez alors onze ans et deux mois, dont l'addition n'est qu'indiquée.

Le D. C'est comme cinquante sous ajoutés à trois

livres; on n'additionne pas les cinquante sous, mais on en tire deux livres, que l'on peut unir aux trois; ce qui fait cinq livres, et dix sous qui restent.

Le M. En mettant des nombres à la suite l'un de l'autre vous ne faites qu'indiquer leur addition, et alors vous pouvez indiquer celle d'unités de différentes espèces; mais l'opération n'est effectuée que lorsque de plusieurs nombres vous en avez fait un seul. Si l'on vous dit qu'il y a dans une ferme six chevaux et dix bœufs, c'est une addition indiquée. Si l'on vous demande ensuite combien il y a de têtes de gros bétail, vous répondrez seize, et l'opération aura été effectuée par la réduction à la même unité.

DOUZIÈME LEÇON.

Le M. Multipliez un par un..

Le D. Un.

Le M. Multipliez deux par deux, et figurez la multiplication.

Le D. ••   Quatre.
     ••

Le M. Combien avez-vous ajouté au produit de un par un?

Le D. Trois.

Le M. Multipliez trois par trois.

Le D. ●●●

    ●●● Neuf.

    ●●●

Le M. Combien avez-vous ajouté au produit de deux par deux?

Le D. Cinq.

Le M. Continuez, en remarquant chaque fois quelle quantité vous ajoutez.

Le D.

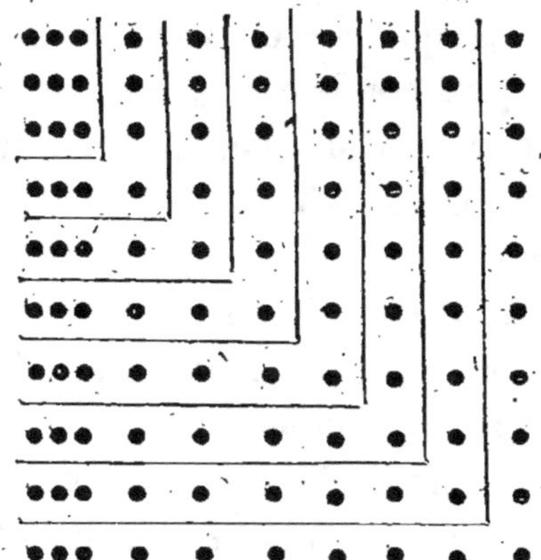

Quatre fois quatre, seize; j'ai ajouté sept. Cinq fois cinq, vingt-cinq; j'ai ajouté neuf. Six fois six, trente-six; j'ai ajouté onze. Sept fois sept font quarante-neuf; j'ai ajouté treize. Huit fois huit, soixante-quatre; j'ai ajouté quinze......... Dix fois dix, cent; j'ai ajouté dix-neuf.

Le M. Redites-moi les nombres que vous avez ajoutés.

Le D. Un, trois, cinq,...... dix-neuf.

Le M. Quels sont ces nombres-là?

Le D. La suite des nombres impairs.

Le M. Et pourquoi ces produits augmentent-ils, comme la suite des nombres impairs?

Le D. C'est tout simple : pour faire le produit de six par six, par exemple, il faut d'abord une rangée de cinq de chaque côté de celles du produit précédent, et ensuite un pour réunir les deux rangées nouvelles; ce qui fait cinq paires et un, et, par conséquent, un nombre impair.

Le M. Les produits ont un nom particulier; ils s'appellent *carrés*. Ainsi le carré de neuf est huitante et un.

Le D. Pour avoir le carré d'un nombre, il faut le multiplier par un nombre égal. C'est une multiplication toute simple.

Le M. Le multiplicande ou le multiplicateur se nomment la *racine du carré*. Il eût mieux valu dire le côté; mais le mal est fait, et il a quelques avantages à d'autres égards. Comment feriez-vous pour extraire la racine d'un carré de cent vingt et un, par exemple?

Le D. Il faut que ce soit comme une division. Mais comment faire une division, quand on n'a d'autre terme que le dividende?

Le M. Observez comment je vous ai fait former votre carré.

Le D. Par l'addition successive des nombres
impairs. Je vois ce que c'est : je vais faire la soustraction successive des nombres impairs, de cent
vingt et un, et le nombre de soustractions sera celui
de la racine.

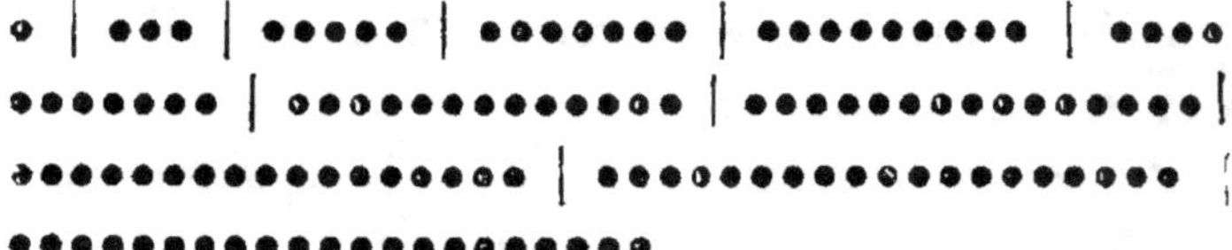

Je fais onze soustractions, la dernière de vingt
et un; ainsi la racine de cent vingt et un est onze.

Le M. Vous auriez mieux fait de les ranger à
mesure en carrés.

[On continue les exercices sur la formation des
carrés et l'extraction des racines.]

TREIZIÈME LEÇON.

Le M. Nous avons assez long-temps opéré sur
de petits nombres. Vous savez faire toutes les opérations de l'arithmétique avec vos haricots; il est
temps que nous cherchions à donner plus d'étendue à nos calculs.

Le D. Est-ce que nous allons compter par onze?

Le M. Non. Ce n'est pas qu'il ne soit utile de
savoir par cœur les multiples de douze, de quinze

et de quelques autres nombres d'un usage plus fré-
quent que les autres; mais enfin, ce n'est pas in-
dispensable. Avant de commencer nos opérations,
et à présent que nous savons comment elles se font,
établissons des règles pour les faire toujours d'une
manière uniforme. — Comment ferez-vous l'addition de plusieurs nombres?

Le D. On peut les compter sur une seule rangée à mesure qu'on les nomme.

Le M. Mais comme il est utile de se rappeler les
nombres que l'on emploie, il vaut mieux les mettre
sur plusieurs rangées parallèles. — Ajoutez vingt,
treize, dix-huit, vingt-deux et quinze.

Le D. ••••••••••••••••••••
••••••••••••••
••••••••••••••••••
••••••••••••••••••••••
•••••••••••••••

La somme est huitante-huit.

Le M. Vous auriez pu abréger cette opération,
en comptant par cinq les treize premières rangées,
par quatre les deux suivantes, par trois les trois
après, et ainsi du reste. Pour que cela soit plus aisé,
lorsque vous n'aurez point de raison contraire,
vous ferez bien de placer les nombres les plus forts
à la première rangée. — Comment marquez-vous
la soustraction?

Le D. Le plus tôt fait serait de compter le soustrayande sur une seule rangée, et puis de décompter le soustracteur ; mais pour conserver les nombres, il faut les mettre l'un sous l'autre, et l'excès d'une rangée sur l'autre sera la différence.

Le M. Si vous ne voulez pas conserver le soustrayande et le soustracteur, vous n'avez qu'à compter ce dernier sur la rangée déjà faite du premier; ce qui restera sera la différence. — Soustrayez de trente-sept, quatorze.

Le D.

•••••••••••••• | •••••••••••••••••••••••••
•••••••••••••• |

Différence, vingt-trois.

Le M. De cette différence retranchez onze.

Le D. •••••••••• | ••••••••••••
•••••••••••• |

Le D. Reste douze.

Le M. De cette différence retranchez six.

Le D. •••••• | ••••••
•••••• |

Le D. Différence, six.

Le M. Comment auriez-vous fait si l'on vous avait donné à soustraire les trois nombres, quatorze, onze, et six à la fois ?

Le D. J'aurais pu les mettre sur une seule rangée et retrancher la somme; mais cette dernière manière est meilleure pour vérifier l'addition.

2*

Le M. Comment rangez-vous les nombres pour la multiplication?

Le D. On fait autant de rangées du multiplicande qu'il y a d'unités au multiplicateur.

Le M. Mais si l'on demande que vous conserviez les nombres sur lesquels vous opérez?

Le D. Il n'y a pas besoin de conserver le multiplicande, puisqu'il est dans chaque rangée; mais je compterai un peu à côté du produit le multiplicateur, sur une ligne de haut en bas.

Le M. Multipliez treize par onze.

	Multiplicateur.	Produit.
Le D.	•	••••••••••••
	•	••••••••••••
	•	••••••••••••
	•	••••••••••••
	•	••••••••••••
	•	••••••••••••
	•	••••••••••••
	•	••••••••••••
	•	••••••••••••
	•	••••••••••••
	•	••••••••••••

Produit, cent quarante-trois.

Le M. Comment arrangerez-vous les nombres pour la division?

Le D. Le dividende étant sur une seule rangée, j'en déplacerai les portions qu'il faudra soustraire, et je les rangerai sous la première de ces portions, pour être sûr qu'elles soient égales. Si le diviseur est un nombre abstrait, je le marquerai à côté, et je mettrai les haricots un à un sous chaque unité du diviseur, jusqu'à ce que tout soit épuisé.

Le M. En septante-six combien de fois neuf?

Le D.

Quotient, huit, et il reste quatre.

Le M. Divisez nonante et un en treize portions.

Le D.

Je marque d'abord le nombre de portions, en-suite je prends les nonante et un dans la main et je les distribue en rangées.

Le M. Vous voyez qu'en résultat l'opération est la même ; car mettre un haricot à la suite de huit rangées, c'est précisément faire une rangée de huit haricots. Il faut vous souvenir de la nature de la question, pour ne pas vous tromper aux résultats. Mais comme les nombres doivent être les mêmes, il suffit que vous y arriviez par un moyeu quel-conque. — Y a-t-il quelque difficulté pour l'éléva-tion au carré?

Le D. Non; on le fait comme une simple mul-tiplication. Il n'y a pas besoin de marquer les uni-tés du multiplicateur, parce qu'il est égal au mul-tiplicande.

Le M. Et pour extraire la racine carrée?

Le D. Je commence par placer une unité du nombre dans un coin; puis je range autour, d'abord trois, ensuite cinq, puis sept unités, de manière à former toujours le carré.

Le M. Extrayez la racine de cent cinquante-deux.

Le D. D'abord pour cent je n'ai pas besoin de faire tant de façons; je vais les mettre par dix ran-gées de dix. Je commencerai les impairs à vingt et un.

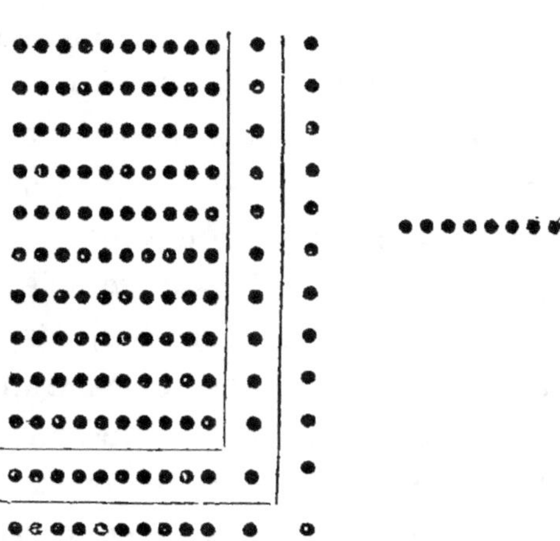

Racine, douze, et il reste huit.

[Telle est l'arithmétique *des calculs* (*calculus* veut dire petite pierre); c'est le fondement de tout l'édifice. Il faudra y tenir long-temps l'élève. Pour les premiers essais, son attention devant être assez fixée par les corps qu'il est occupé de compter, il est inutile de donner du corps aux questions qu'on lui soumet en les rendant relatives à des objets réels; à mesure qu'il prendra de l'habitude on lui montrera l'utilité de ses connaissances, en les appliquant. On lui fera additionner les comptes de la maison, en ayant soin qu'ils ne soient pas complexes; on lui présentera, pour les multiplications et les divisions, des questions à portée de son âge et de ses relations habituelles.

Quoique toutes les opérations qu'il fera doivent

être refaites, et plusieurs fois, par de nouveaux procédés, le temps qu'il consacrera à ceux-ci ne sera point perdu; ils serviront à donner de la réalité à ses idées mathématiques, de la justesse dans l'esprit, dans la position des questions; il n'y a déjà que trop d'abstractions dans cette science.

Enfin, il se fatiguera de ses haricots, et c'est où il faut le mener. La paresse l'engagerait naturellement à continuer de suivre sa méthode. Il faut fatiguer tellement et sa patience, et sa mémoire et son attention, que sa paresse le conduise à trouver des moyens plus abrégés. Ce n'est qu'au désir du repos que l'on doit la plupart des travaux des hommes, comme ce n'est qu'à la peur que l'on doit la plupart des actions courageuses.

Quoiqu'il en soit, lorsque l'on aura successivement porté l'étendue des calculs à ce point où il ne puisse plus y suffire, il sera temps de passer au livre suivant.]

LIVRE SECOND.

PREMIÈRE LEÇON.

Le Disciple. Pour peu que nous continuions sur ce pied-là, il n'y aura plus assez de haricots dans le grenier, assez de place dans la maison, ni assez d'heures dans la journée pour faire nos comptes; nóus serons forcés de nous établir en plein champ, et encore de veiller la nuit pour empêcher les rats de déranger notre arithmétique d'une séance à l'autre.

Le Maître. C'est votre faute.

Le D. Pourquoi donc?

Le M. Prenez un moyen d'aller plus vite; le temps est le plus essentiel. Ne savez-vous pas compter plusieurs nombres à la fois?

Le D. Oui; mais hors de compter par deux, ce qui va assez vite, le reste n'est pas aussi exact, parce qu'il faut de même compter de l'œil, et même du doigt, tous les haricots; sans cela je compterais par dix.

Le M. Cherchez ce qui vous empêche de le faire.

Le D. Je vous l'ai dit; je ne puis pas reconnaître, sans compter, si dans tel espace il y a dix haricots; ou neuf, ou onze.

Le M. De manière que si vous aviez un moyen de reconnaître les groupes de dix dans vos rangées, vous pourriez abréger beaucoup. Cherchez donc ce moyen.

Le D. C'est de mettre un signe à chaque dixième haricot, de le marquer par un haricot d'un autre couleur.

Le M. Voyons, multipliez trente-quatre par sept.

Le D.

ooooooooo● ooooooooo● ooooooooo● oooo
ooooooooo● ooooooooo● ooooooooo● oooo
ooooooooo● ooooooooo● ooooooooo● oooo
ooooooooo● ooooooooo● ooooooooo● oooo
ooooooooo● ooooooooo● ooooooooo● oooo
ooooooooo● ooooooooo● ooooooooo● oooo
ooooooooo● ooooooooo● ooooooooo● oooo

Dix, vingt, trente,..... deux cent dix, deux cent quatorze, dix-huit, vingt-deux,..... deux cent trente-huit. Vous voyez bien que cela va bien plus vite.

Le M. Est-ce plus sûr, ou non ?

Le D. C'est bien plus sûr.

Le M. Pourquoi ?

Le D. Parce que lorsque j'ai à compter trente-quatre, il n'importe pas que je me trompe sur les haricots blancs qui précèdent les haricots des dizaines; il suffit que ceux-ci soient bien rangés, et que les quatre blancs soient après.

(41)

Le M. Vous me feriez croire qu'il serait indifférent que les neuf par dizaine y fussent, ou non.

Le D. C'est à peu près égal.

Le M. Mais alors, pourquoi vous donnez-vous la peine de les ranger?

Le D. C'est clair ; chaque haricot de couleur tiendra la place de dix ; on y gagne de tous les côtés, du temps, de l'espace et des légumes.

AUTRE PREMIÈRE LEÇON.

[Le passage du compte des choses réelles à celui des signes est le plus important de l'arithmétique ; c'est ce qui la rend vraiment une science. Il importe que l'élève ait une idée bien nette de ce nouvel agent qu'il va employer. Aussi j'ai indiqué cette première leçon de plusieurs manières. Le maître choisira celle qui conviendra le mieux à sa manière d'enseigner, à l'intelligence de son élève, et même aux circonstances où il peut se trouver, et qui peuvent déterminer la préférence pour telle ou telle méthode.]

Le M. Tant de haricots ne sont pas une chose commode.

Le D. Il s'en faut bien ; je ne puis plus atteindre au milieu des carrés, la moindre chose les dérange ; je me brouille dans les comptes ; je n'apprendrai jamais rien comme cela.

Le M. Trouvez un moyen plus court.

Le D. Je ne sais pas.

Le M. Faites comme font les autres : n'avez-vous pas vu compter un sac de mille francs ?

Le D. On fait des paquets de vingt pièces ; chaque pile vaut cent francs, et puis on compte cent, deux cents, trois cents : c'est d'abord fait.

Le M. Faites en autant.

Le D. Je ne puis pas, parce que mes haricots ne peuvent pas se tenir l'un sur l'autre comme des écus.

Le M. Combien de francs vaut la pièce de cinq francs ?

Le D. Cinq.

Le M. Et est-elle faite de cinq pièces d'un franc mises en pile, ou collées ensemble ?

Le D. Non ; c'est une seule pièce.

Le M. Il n'est donc pas nécessaire que les pièces soient séparées.

Le D. A la bonne heure ; mais la pièce de cinq francs est grosse comme les cinq petites, et mes haricots sont tous égaux.

Le M. Une pièce d'un franc est-elle plus grande qu'une de cinq décimes ?

Le D. Non, et elle est même plus grande qu'une pièce de vingt francs ; mais elles sont de couleur différente. Je vois ce que c'est ; je ferai cela avec des haricots : il y en aura de couleur qui en vaudront plusieurs des blancs ; ceux-ci seront la monnaie des autres.

Le M. Quelle est la coupure que vous adopterez pour votre monnaie ? combien voudrez-vous que le haricot de couleur vaille de haricots blancs?

Le D. Je prendrai dix, parce que c'est le nombre par lequel il est plus facile de compter. Vous verrez qu'à présent vos opérations seront d'abord faites.

AUTRE PREMIÈRE LEÇON.

Le M. Cherchez un moyen d'assurer vos opérations ; vos haricots se dérangent trop aisément.

Le D. Je vais les percer pour les attacher l'un à l'autre, et chaque cordon, une fois fait, ne se dérangera plus.

Le M. Quel nombre de haricots enfilerez-vous à chaque paquet ?

Le D. Dix, parce que c'est le nombre par lequel il est plus aisé de compter.

Le M. Je conviens que ce sera plus facile à compter, et plus sûr ; mais cela ne laissera pas que de tenir assez de place, et elle commence à nous manquer. N'y aurait-il pas moyen de le simplifier ? Si, lorsque vos cordons seront bien faits et bien comptés, les rats venaient vous manger un haricot, seriez-vous obligé de le remplacer ?

Le D. Non, parce que je ne recompterai jamais mes cordons, hors qu'il ne faille les défiler pour une division.

Le M. Et si tous vos haricots étaient mangés , et qu'il ne restât que le fil?

Le D. C'est égal, le fil vaudra autant que les dix haricots.

Le M. Vous auriez pris alors une peine bien inutile.

Le D. Quelle?

Le M. Celle de les percer et de les enfiler, si des bouts de fil peuvent les remplacer.

Le D. C'est vrai; nous mettrons des bouts de fil qui vaudront chacun dix haricots.

Le M. Soit; mais cependant il y aurait quelque chose de plus commode que du fil , et qui ressemblerait davantage au reste de votre monnaie.

Le D. C'est tout simple; il n'y a qu'à prendre des haricots de couleur; chacun vaudra dix des autres.

AUTRE PREMIÈRE LEÇON.

Le M. Je vous porte quelque chose de plus aisé à manier que des haricots : ce sont des centimes.

[On fait faire des opérations sur des nombres un peu grands.]

Le D. Les rangées sont encore plus longues qu'avec des haricots.

Le M. Raccourcissez-les.

Le D. Comment?

Le M. Comme font tous les marchands quand ils ont beaucoup de monnaie sur leur comptoir.

Le D. Je vais les mettre en piles.

Le M. De combien ferez-vous les piles.

Le D. Tant qu'il en pourra tenir.

Le M. Je crois qu'il vaudrait mieux les faire toutes égales et d'un nombre qui fût aisé à compter.

Le D. Sur ce pied-là il faut les faire de dix.

[On fait faire diverses opérations. L'élève voit l'avantage des piles ; il demandera, sans doute, dès le lendemain, à les envelopper dans du papier pour en faire de petits rouleaux. Alors on lui présentera quelque question où ses rouleaux soient insuffisans ; on lui fera sentir la facilité d'y suppléer par de petits morceaux de bois de la même longueur, et, enfin, par des centimes enveloppées de papier blanc ou de couleur.]

SECONDE LEÇON.

[Nous supposons l'élève arrivé par un de ces moyens à l'idée de deux ordres d'unités représentées par des unités réelles, de couleur différente ; on lui fera faire par ce moyen des additions, des soustractions, des multiplications. Nous en avons déjà donné un exemple.]

Le M. Soustrayez cinquante-six de soixante-huit.

Le D.   ●●●●● ○○○○○○
             ●●●●●● ○○○○○○○○

Différence, une dizaine et deux, douze.

Le M. Soustrayez septante-neuf de huitante-quatre.

Le D. ●●●●●●● oooo | ooooo
●●●●●●● oooo | oooooooooo

Il reste une dizaine ; mais je ne puis achever, parce qu'il me manque des unités.

Le M. Est-ce que cela fait que septante-neuf soit plus grand que huitante-quatre ?

Le D. Non.

Le M. Il faut donc pouvoir faire la soustraction. Cherchez des unités ?

Le D. Je n'ai qu'à changer la dizaine, alors j'aurai dix unités que je range, et j'ai encore cinq de reste ; la différence est cinq.

Le M. Divisez cent cinquante-huit par six.

Le D. ●●●●●● | ●●●●●● | ●●●oooooooo |
J'ai douze dix, et il reste trois dizaines ; je vais les changer en unités : cela me donne trente-huit.

●●●●●●
●●●●●●
oooooo
oooooo
oooooo oo
oooooo
oooooo
oooooo

Chaque rangée, ou le quotient, est de vingt-six, et il y a deux de reste.

[On ne fait point extraire de racine, ni former

de carré, pour que les élèves n'altèrent pas l'idée du carré géométrique, qui doit se lier encore dans leur tête à celle du carré des nombres.

Il ne sera pas difficile d'atteindre encore une fois, et dès les premiers jours, les limites de la patience de l'élève; ses dizaines ne lui suffiront plus. Il est bon qu'il sente la nécessité des découvertes, pour leur donner leur prix. Nous estimons toujours les choses ce qu'elles coûtent et non pas ce qu'elles valent.]

Le D. J'aurais aussi bien fait de ne pas inventer les dizaines. Vous avez toujours des questions plus difficiles que les autres; je suis aussi embarrassé que je l'étais, si ce n'est qu'au lieu d'avoir un sac de haricots, j'en ai deux. Si vous trouvez continuellement le moyen d'alonger les opérations plus que je ne les raccourcis, je resterai toujours en arrière.

Le M. C'est votre faute encore; je continue à marcher. Mais vous, pourquoi vous êtes-vous arrêté?

Le D. Comment donc?

Le M. Dans vos découvertes, vous avez trouvé un moyen d'abréger; trouvez-en un autre.

Le D. Vous avez raison; je puis faire pour les dizaines ce que j'ai fait pour les unités, et je ferai des haricots qui vaudront cent; à présent nous pouvons aller loin.

Le M. Et vous ne vous plaindrez plus, quelque nombre que je vous donne.

Le D. Non.

Le M. Eh bien ! multipliez soixante-trois mille six cent vingt-neuf par.....

Le D. Attendez, j'ai oublié qu'il fallait une quatrième couleur pour les mille, une cinquième pour les dix mille..... Mais comment ferons-nous si nous n'avons pas des haricots d'assez d'espèces différentes ?

Le M. Nous pouvons y pourvoir par autre chose que des haricots.

Le D. Des pièces de monnaie ; mais cela salit les doigts : des jetons et des fiches, comme dans les boîtes de jeu.

———

AUTRE PREMIÈRE ET SECONDE LEÇON.

[Je présente encore un moyen pour venir d'une seule fois à la découverte des signes pour les unités de tous les ordres. Je donne la préférence aux premiers que j'ai proposés, parce que celui-ci offre un mélange d'idée de nombre complexe que je ne crois pas convenable d'offrir à l'élève à cette époque de son instruction. D'ailleurs, quoique les enfans aient en général l'imagination assez vive pour concevoir rapidement, il vaut mieux leur faire employer le temps convenable à leurs travaux d'esprit, et ne leur présenter les idées nouvelles que lorsqu'ils sont bien fixés sur celles qui doivent leur servir de base. D'abord, cette méthode d'instruction est plus solide, ensuite on exerce davantage la réflexion de l'enfant : ce qui vaut mieux que de travailler sa mémoire. La seule science qu'il soit important que les enfans apprennent, est l'art de s'appliquer ; avec celle-là on sait toutes les autres ; et, de quelque richesse que soit ornée la mémoire de celui qui aurait tout appris en s'amusant, s'il n'est pas apte à penser long-temps à la même chose, il ne sera jamais qu'un sot. Cette faculté se perfectionne avec l'âge ; mais il faut l'exercer dès l'enfance, sans quoi les organes s'y refuseront.]

Le M. Combien font trois francs et septante-sept centimes, en centimes ?

Le D. J'aurai plus tôt fait sans haricots : trois cent septante-sept centimes. Pourquoi demandez-vous cela ?

Le M. C'est que je veux savoir combien feront dix-huit mètres de toile, à trois cent septante-sept centimes le mètre. — Faites cette multiplication.

Le D. J'aurais bien plus tôt fait de le compter avec l'argent qu'avec les haricots.

Le M. Pourquoi cela ?

Le D. Parce qu'il y a des pièces d'un franc, d'un décime et d'un centime. Je ferais chaque rangée de trois francs sept décimes sept centimes, j'addition-nerais les rangées, et ce serait fait tout de suite.

3

Le M. Eh bien ! qui vous empêche de le faire ?

Le D. Je n'ai pas les pièces qu'il faut pour cela.

Le M. Mais vous qui m'avez dit que vos haricots valaient tout ce que vous vouliez , faites-leur valoir des francs , des décimes et des centimes.

Le D. Oui ; mais je mettrai mes trois francs , mes sept décimes , mes sept centimes , l'un à la suite de l'autre , et tout cela ne fera que dix-sept haricots.

Le M. Comme lorsque vous auriez mis vos véritables pièces de monnaie , vous n'auriez que dix-sept pièces.

Le D. Oh ! c'est bien différent ; on reconnaît les unes des autres à la grandeur et à la couleur.

Le M. Et vos haricots ?

Le D. Ils sont tous blancs ; mais si je pouvais en avoir d'une autre couleur , j'en ferais des décimes et des centimes , ou bien je prendrais des fèves pour les décimes , et des châtaignes pour les francs.

Le M. Sur ce pied-là nous arriverions peu à peu à nous servir de paillons ; il vaut mieux s'en tenir aux haricots de couleur ; en voilà.

Le D. fait l'opération.

Trois cents , six cents , neuf cents ,........ cinq mille quatre cents.

Septante , cent quarante , deux cent dix ,...... mille deux cent soixante.

Sept , quatorze , vingt et un ,...... cent vingt-six.

Six mille sept cent quatre-vingt-six centimes.

Soixante-sept francs et quatre-vingt-six centimes.

Le M. A présent il ne s'agit plus de centimes ; il y a trois cent septante-sept souches à planter dans chaque sillon d'une vigne que l'on veut agrandir, et il y aura dix-huit sillons : combien cela fera-t-il de sarmens à planter ?

Le D. Il faut que je revienne à mes haricots blancs.

Le M. Pourquoi ? l'opération que vous venez de faire n'est-elle pas la multiplication de trois cent septante-sept par dix-huit ?

Le D. Oui.

Le M. Eh bien ! ne vous souvenez-vous pas que quand la multiplication est bien faite, en changeant l'espèce du multiplicande on change l'espèce, mais non pas le nombre du produit ?

Le D. C'est clair ; il y a autant de souches que de centimes : c'est six mille sept cent quatre-vingt-six souches.

Le M. Ne trouvez-vous pas que c'est plus tôt fait ?

Le D. Oui, si je pouvais faire toutes mes opérations comme cela.

Le M. Réfléchissez-y.

Le D. En y réfléchissant, je vois que je puis supposer que chaque chose vaut un centime, que je représente par un haricot blanc ; chaque dix choses valent un décime, que je représente par un haricot rouge, et chaque centaine de chose vaudra un franc, que je figurerai par un haricot jaune. Je pourrai même faire des dix francs ou mille centimes, si j'ai des haricots d'une autre couleur.

[Je préfère, comme je l'ai dit, l'autre méthode; dans tous les cas, la meilleure sera celle à laquelle je n'aurai pas pensé, et que l'instituteur trouvera lui-même. J'ai remis en supplément, à la fin de ce livre, une leçon sur l'*abaque*, qui est aussi un des moyens de passer de l'arithmétique réelle à l'arithmétique figurée; j'y expose les raisons qui me font préférer, quoique la plus lente, la méthode des lettres.]

TROISIÈME LEÇON.

[Je serais d'avis de remplacer d'abord les haricots par des jetons de différente couleur, et de faire toutes les opérations avec ce nouveau signe. Je me trompe fort, ou la variété des rectangles formés dans les multiplications et les divisions, imprimerait plus fortement dans l'esprit de l'enfant l'idée des cases, à laquelle il faudra qu'il revienne pour l'arithmétique littérale. La difficulté d'imprimer en couleur, ou d'enluminer, m'empêche de présenter des exemples de cette méthode. Il ne sera pas difficile, si on l'adopte, de passer de celle-là aux jetons marqués. On aura besoin de faire un compte dans un endroit où l'on n'aura pas de jetons ni de haricots, il faudra en faire avec des cartes; pour s'y reconnaître , on marquera les petits ronds avec des x , des c et des m. On trouvera bientôt que c'est plus sûr, plus étendu et plus commode que les jetons de couleur, et on fera ce changement. Je serais pourtant d'avis de laisser des couleurs différentes avec les marques pour les mille et les deux ordres qui les précèdent, les millions, leurs dixaines et centaines. Pour y suppléer, je marque ces ordres par des points sur les lettres convenues.]

Le M. Je me suis arrangé pour avoir des jetons ; comment les ferons-nous marquer pour les dis-tinguer?

Le D. D'abord, les unités n'ont pas besoin de marque.

Le M. Soit ; mais nous pouvons sans inconvénient y mettre un i, parce qu'autrement nous pourrions nous tromper avec le revers des autres, qui sera blanc.

Le D. Les dixaines par un d.

Le M. Nous en sommes bien les maîtres ; mais comme il est toujours bon de se rapprocher des usages, il y a une lettre consacrée depuis long-temps pour ce nombre, c'est l'x.

Le D. x soit ; le cent sera c, et le mille sera m ; nous garderons le d pour les dix mille.

Le M. Pour les cent mille nous aurons de l'embarras.

Le D. Mettons cm.

Le M. Et si nous comptons des millions, nous nous embarrasserons encore. Il faut de la simplicité ; on compte les mille comme des unités.

Le D. Oui ; on dit cent cinquante-quatre mille, comme cent cinquante-quatre, sans dire cent mille, cinquante mille, quatre mille.

Le M. Eh bien ! mettons un x pour les dix mille, un c pour les cent mille ; seulement nous distinguerons ces trois nombres avec un point ṁ ẋ ċ.

[Ou avec une couleur différente, si on les met de diverses couleurs.]

Le D. Mille n'a pas besoin de point.

Le M. Non ; mais puisque nous en mettons aux ẋ et aux ċ, il est bien qu'il en ait pour faire reconnaître qu'il se compte avec eux ; nous mettrons deux points pour les millions.

Le D. A la rigueur, nous pourrions nous passer de ṁ, et mettre tout simplement ı.

Le M. On pourrait le faire sans inconvénient ; mais nous avons encore à observer ici que la lettre ᴍ est d'un usage général depuis qu'elle a remplacé le signe (ı).

Le D. Ainsi voici nos jetons :

<table>
<tr><td>ı</td><td>Un</td><td>ṁ</td><td>Million,</td></tr>
<tr><td>x</td><td>Dix</td><td>ẍ</td><td>Dix millions.</td></tr>
<tr><td>c</td><td>Cent</td><td>c̈</td><td>Cent millions.</td></tr>
<tr><td>ṁ</td><td>Mille.</td><td></td><td></td></tr>
<tr><td>ẋ</td><td>Dix mille.</td><td></td><td></td></tr>
<tr><td>ċ</td><td>Cent mille.</td><td></td><td></td></tr>
</table>

[On suppose que l'on s'est d'avance procuré environ cent vingt jetons de chaque espèce.]

Le M. Voyons à présent si nous saurons nous en servir. Additionnez trente-six mille six cent vingt-cinq avec douze mille cent neuf.

Le D.   ẊẊẊṀṀṀṀṀMCCCCCXXIIII

      ẊṀṀCIIIIIIII

La somme est quarante-huit mille sept cent vingt et quatorze, c'est-à-dire, trente-quatre.

Le M. Vous auriez mieux fait de ranger chaque lettre sous sa pareille; c'est ce que l'on appelle ordonner. Effectivement, il y a plus d'ordre, c'est plus simple et plus aisé à additionner. — Ajoutez les parties suivantes : sept mille cinq cent huitante-sept, huit mille sept cent cinquante-neuf, neuf cent cinquante-quatre, septante-neuf.

Le D. ṀṀṀṀṀṀ CCCCC   XXXXXXX IIIIII

       ṀṀṀṀṀṀṀṀ CCCCCCC XXXXX   IIIIIIII

                 CCCCCCCC XXXXX   IIII

                      XXXXXXX IIIIIIII

La somme est......

Le M. Marquez-la avec de nouveaux jetons.

Le D.   Ẋ ṀṀṀṀṀ ṀṀC CCXXXXX XXIIIIIIII

Quinze mille,.... deux mille cent,.... deux cent

cinquante,... vingt-neuf..., que je puis lire tout de suite : dix-sept mille trois cent septante-neuf.

Le M. Il y a un moyen d'abréger; c'est de commencer par les dernières colonnes, et d'écrire les nombres, qui s'appellent à présent les chiffres, à mesure qu'on les a. — Additionnez trois cent huitante-neuf, six cent septante-six, et neuf cent soixante-huit. Vous commencerez par la colonne des unités.

Le D.   ccc   xxxxxxxx   iiiiiiii
          cccccc   xxxxxxx   iiiiii
          ccccccccc   xxxxxx   iiiiiiii

Trois, six, neuf,.... dix-huit, vingt, vingt-deux, vingt-trois. Je ne marque que trois, et je garde vingt pour les ajouter aux dix.

Vingt, cinquante, huitante,.... deux cents, deux cent vingt, deux cent trente. Je marque trente et je retiens deux cents.

Deux cents, cinq cents, huit cents, mille cent, mille trois cents, mille cinq cents, mille sept cents, deux millle, que je marque.

MM   XXX   III

Deux mille trente-trois.

Le M. Vous pouvez encore abréger ; au lieu de

compter trente, cinquante, deux cents, cinq cents, huit cents, ne comptez que trois, cinq, deux, cinq. Vous saurez bien, en marquant, ce que vous aurez à écrire. — Ajoutez six cent trente-sept et huit cent septante-quatre.

Le D.   cccccc   xxx   · iiiiiii
          ccccccccc   xxxxxxx ·   iiii

Deux, quatre,.... huit, neuf,... onze...; je marque un, et je retiens dix, qui vaut un dix.

Un, trois, cinq, sept, huit, neuf, dix, onze; j'écris encore un x, et je retiens dix x, qui valent un c.

Un trois,.... treize, quatorze, quinze, qui sont un mille et cinq cents.

   ṁ ccccc xi   Mille cinq cent onze.

C'est plus tôt fait comme cela.

Le M. Oui; mais il ne faut pas perdre l'habitude de la faire de l'autre manière, qui expose à moins de distractions. Mais je crains que nous ne nous trompions. Nous ajoutons des i avec des x, des x avec des c; cependant ce ne sont pas des unités de la même espèce.

Le D. Aussi je n'ajoute les i qu'avec les i et les x qu'avec les x; mais quand j'ai assez d'unités de l'ordre inférieur pour en faire une de l'ordre su-

3*

périeur, je les change, comme je change les gros en petits pour la division.

Le M. Soustrayez de mille huit cent quinze, mille cent soixante-neuf, et marquez la différence en dessous, comme vous marquez la somme pour l'addition.

Le D.   ṁ   cccccccc   x   ıııı
           ṁ   c   xxxxxx   ıııııııu

À présent je puis soustraire.

                   xxxxxxxx   ıııııııııı
     ṁ   ccccccc   x   ıııı
     ṁ   c   xxxxxx   ıııııııı
     ————————————————————————————————
          cccccc   xxxx   ıııııı

Il faudra que je change un x en ı; et comme il ne m'en restera plus, un c en x.

Six cent quarante-six.

Le M. On peut ne faire ces changemens que mentalement, on a plus tôt fait; et comme il ne s'agit jamais que de dix, la mémoire ne se fatigue pas. — Voyez de soustraire ainsi de mille cent vingt et un, six cent quarante-sept.

Le D.   ṁ   c   xx   ı
                    cccccc   xxxx   ıııııı

Je change un ṁ en c, c'est onze; j'en retranche

six, reste cinq cent vingt et un ; d'où j'ai à soustraire quarante-sept.

CCCCC   XX   I

XXXX   IIIIII

Je change un c en x; j'ai quatre cents et douze dix; j'en retranche le reste. Reste total quatre cent huitante et un, d'où je n'ai à retrancher que sept unités.

CCCC   XXXXXXX   I

IIIIII

Je change un x en I, je retranche sept de onze; j'ai quatre. De sorte que la différence demandée est CCCC   XXXXXXX   IIII,   quatre cent septante-quatre.

CCCC   XXXXXXX   IIII

Le M. Refaites l'opération, en commençant par les unités et écrivant à mesure la différence.

Le D. Je commence par changer un x en un; j'ai onze. Onze moins sept, je marque quatre; il me reste un x. Je change un c : onze moins quatre , sept , que je marque. Il ne me reste plus de c ; j'en fais avec le M. Dix moins six, quatre. Même résultat, mais celui-ci est plus tôt fait.

Le M. Il est bon de les savoir tous les deux.

Combien font neuf hectares de terre, à six cent trente-quatre francs l'hectare?

Le D. Le produit est des francs, le multiplicande est des francs.

0	CCCCCC	XXX	IIII
0	CCCCC	XXX	IIII
0	CCCCC	XXX	IIII
0	CCCCC	XXX	IIII
0	CCCCC	XXX	IIII
0	CCCCC	XXX	IIII
0	CCCCC	XXX	IIII
0	CCCCC	XXX	IIII
0	CCCCC	XXX	IIII

MMMMM	CCCCCC	XXXXXXXXXX	IIIIII

MMMMM	CCCCCCC		IIIIII

Cinq mille sept cent six francs.

Si j'avais commencé par les unités, je n'aurais pas
été obligé de changer les dixaines.

Le M. Combien font quarante et un agneaux, à
six francs ?

Le D. Le multiplicande est des francs ; mais
comme il est plus commode de tourner le produit
autrement, je vais multiplier quarante par six.
Nous saurons que le produit représente des francs,
au lieu d'agneaux.

xxxx	i
xxxx	i
xxxx	i
xxxx	i
xxxx	i
xxxx	i

Produit, deux cent quarante-six francs.

Le M. Il y a un héritage de quarante-huit mille soixante francs à partager entre neuf cohéritiers; combien reviendra-t-il à chacun?

Le D. Le nombre des héritiers, c'est le nombre de parts; le quotient sera des francs.

Je marque ẋẋẋẋ ṀṀṀṀṀṀṀṀ xxxxxx et les neuf parts de haut en bas.

0	ṀṀṀṀṀ	ccc	xxxx
0	ṀṀṀṀṀ	ccc	xxxx
0	ṀṀṀṀṀ	ccc	xxxx
0	ṀṀṀṀṀ	ccc	xxxx
0	ṀṀṀṀṀ	ccc	xxxx
0	ṀṀṀṀṀ	ccc	xxxx
0	ṀṀṀṀṀ	ccc	xxxx
0	ṀṀṀṀṀ	ccc	xxxx
0	ṀṀṀṀṀ	ccc	xxxx

Je n'ai pas assez de ẋ pour mettre partout; je les change tous. Je fais cinq rangées, et il me reste trois Ṁ, que je change en c, dont je fais trois rangées; il m'en reste trois, que je change, et de trente-six x je fais quatre rangées. Le quotient est une des rangées, cinq mille trois cent quarante.

Le M. Divisez cent mille par trois.

Le D.   ċ

0   ẋẋẋ   ṀṀṀ   ccc   xxx   iii
0   ẋẋẋ   ṀṀṀ   ccc   xxx   iii
0   ẋẋẋ   ṀṀṀ   ccc   xxx   iii

Trente-trois mille trois cent trente-trois ; il reste un.

Le M. Un homme a laissé douze mille francs pour marier de pauvres filles, auxquelles il veut que l'on donne quinze cents francs de dot ; mais à cause des frais de contrat et de célébration de noces, la dépense de chaque mariage est de mille sept cent huitante francs : combien mariera-t-on de filles ?

Le D. Il faut absolument que j'en revienne à la manière des soustractions.

ẋ   ṀṀ
     Ṁ   ccccccc   xxxxxxx
―――――――――――――――――――――――――――――――――
ẋ   cc   xx   1.ᵉʳ R. 10220 fr.
     Ṁ   ccccccc   xxxxxxx
―――――――――――――――――――――――――――――――――
ṀṀṀṀṀṀṀṀ   cccc   xxxx   2.ᵉ 8440
     Ṁ   ccccccc   xxxxxxx
―――――――――――――――――――――――――――――――――
ṀṀṀṀṀṀ   cccccc   xxxxxx   3.ᵉ 6660
     Ṁ   ccccccc   xxxxxxx
―――――――――――――――――――――――――――――――――
ṀṀṀṀ   ccccccc   xxxxxxx   4.ᵉ 4880
     Ṁ   cccccc   xxxxxxx
―――――――――――――――――――――――――――――――――
ṀṀṀ   c   5.ᵉ 3100
     Ṁ   ccccccc   xxxxxxx
―――――――――――――――――――――――――――――――――
     Ṁ   ccc   xx   6.ᵉ 1320

J'ai fait six soustractions. Il y aura pour marier six filles, et il restera mille trois cent vingt francs pour la septième.

[Si l'élève voulait écrire le diviseur en colonne verticale et en chiffres, on le mettrait dès-lors à la leçon suivante. Mais il est probable qu'il ne pensera pas encore à ce changement].

QUATRIÈME LEÇON.

[On augmente peu à peu les multiplicateurs ; les jetons manquent parfois ; on les fait suppléer sans ordre, en reprenant dix de ceux qui sont déjà placés, et les remplaçant par un jeton d'un ordre supérieur. Cela dérange la régularité des colonnes, distrait l'élève, et peut lui occasioner des erreurs. D'ailleurs, dans tous les cas, l'ennui de l'addition le fatiguera bientôt].

Le M. Multipliez cinq cent trente-six par soixante.

Le D. Par soixante! mais cela ne finira pas.

Le M. Aimez-vous mieux prendre soixante pour multiplicande, et mettre cinq cent trente-six au multiplicateur?

Le D. Ce serait bien pire.

Le M. Choisissez, ou trouvez quelque moyen d'abréger.

(64)

Le D. Si, au lieu de marquer soixante en jetons d'unités, je les marquais avec six dixaines ?....

Le M. Pourrriez-vous multiplier tout de même ensuite ?

Le D. Je crois que oui.

Si je multipliais cinq cent trente-six par dix, je ferais dix rangées de ces cinq cent trente-six, je pourrais remplacer chaque rangée par un jeton d'un ordre supérieur, et j'aurais des jetons pour faire les dix autres rangées ; mais je puis supposer que je les range et les remplace en même temps, sans faire tout cet étalage. Voyons :

	c c c c c	x x x	i i i i i i
x	MMMMM	ccc	xxxxxx
x	MMMMM	ccc	xxxxxx
x	MMMMM	ccc	xxxxxx
x	MMMMM	ccc	xxxxxx
x	MMMMM	ccc	xxxxxx
x	MMMMM	ccc	xxxxxx
xxx MM		c	xxxxxx

Je mets dix rangées à la fois, chacune de cinq c, cela me fait cinq M ; dix rangées de trois x, cela fait trois c ; dix rangées de six i, reste six x. Je n'ai plus qu'à répéter cette rangée-là. Le total du produit est trente-deux mille cent soixante.

Le M. Il y a dans une vigne deux cent trente

trois sillons, et dans chaque sillon trois cent vingt-deux souches; combien cela fait-il ?

Le D. J'écris séparément mon multiplicande et mon multiplicateur, l'un de gauche à droite, l'autre de haut en bas.

Je vais commencer par les rangées des unités d'en bas, pour être plus sûr de mes comptes. Les rangées vis-à-vis des x doivent être dix fois plus fortes.

Enfin, les deux rangées du haut doivent être encore dix fois plus fortes.

	CCC	XX	II
C	XXX	MM	C C
C	XXX	MM	C C
X	MMM	CC	XX
X	MMM	CC	XX
X	MMM	CC	XX
I	CCC	XX	II
I	CCC	XX	II
I	CCC	XX	II

Tout cela fait un total bien compliqué, et qui n'est pas ordonné.

Le M. Il est bien ordonné pour un produit.

Le D. Je parviendrai tout de même à l'additionner. Il n'y a des unités que dans un endroit; je les marque. J'ai douze dix en deux endroits, j'en marque deux et j'en retiens un. Dix-neuf cents en trois endroits, et un que j'ai retenu font deux mille;

et treize mille en deux cases , font quinze mille ;
j'en marque cinq, et il me reste un dix mille, que
je joints aux six autres.

ẊẊẊẊẊẊ ṀṀṀṀṀ xx IIIII
Total, septante-cinq mille vingt-six.

Le M. Voyez si vous pourrez appliquer cela à la
division. — Combien de jours font dix mille trois
cent cinquante-six heures?

Le D.

	ẋ	ccc	xxxxx	IIIII	
x	ṀṀṀṀ	ccc	x		
x	ṀṀṀṀ	ccc	x		
I	cccc	xxx	I		Reste xII.
I	cccc	xxx	I		
I	cccc	xxx	I		
I	cccc	xxx	I		

Je n'ai qu'un ẋ, ainsi je ne puis pas le mettre
vis-à-vis des x; je le change en ṁ. Je pourrais en
faire cinq rangées, mais je n'en fais que quatre,
parce que je vois qu'il faudra que je change pour
faire les rangées de c. Après les avoir faites, il me
reste encore sept c; j'en fais trois rangées, j'en
change deux, que je distribue aux dixaines, et il
me reste trois de celle-ci; j'en mets deux et quatre unités; il me reste un et deux unités.

Le quotient est la rangée d'en bas, quatre cent
trente et un, et il reste douze.

Le M. Elevez trente-quatre au carré.

Le D.

	xxx	IIII
x	ccc	xxxx
x	ccc	xxxx
x	ccc	xxxx
I	xxx	IIII
I	xxx	IIII
I	xxx	IIII
I	xxx	IIII

Carré, м   c   xxxxx ıııııı
Mille cent cinquante-six.

Le M. Remarquez bien de quoi sont composées les quatre parties de ce carré.

Le D. Des centaines d'abord.

Le M. Combien?

Le D. Neuf.

Le M. D'où proviennent-elles?

Le D. Des trois x multipliés par trois x.

Le M. C'est-à-dire, du carré des dixaines. Ensuite?

Le D. Des x, en deux parties, chacune de douze; l'une, produit de quatre unités par trois x, et l'autre de trois x par quatre unités.

Le M. Ainsi c'est deux fois le produit des dixaines par les unités. Ensuite?

Le D. Seize unités, produit de quatre par quatre, ou le carré des unités.

Le M. A présent extrayez la racine de six cent septante-six.

Le D. Je ne saurai pas.

Le M. Faites le contraire de ce que vous avez fait pour l'élévation au carré, sachez quel est celui des dixaines, et une fois que vous l'aurez placé à la racine, le reste ne sera pas difficile.

Le D. Voyons : le carré de trente est neuf cents; ainsi il n'y a que vingt qui puisse entrer dans la racine. Il me reste trois cent septante-six.

Je commence par deux rangées de x et un ; c'est xxi que j'ai employé. Je vois que je puis en faire beaucoup plus. Je viens nécessairement peu après à six, et il ne me reste rien.

La racine que j'écris à côté est vingt-six.

Et j'ai bien mes quatre produits rangés comme je dois les avoir.

```
x |  cc   xxxxx
x |  cc   xxxxx
I |  xx   iiiiii
I |  xx   iiiiii
I |  xx   iiiiii
I |  xx   iiiiii
I |  xx   iiiiii
I |  xx   iiiiii
```

Le M. A propos des carrés, il y a une petite difficulté que nous devons éclaircir. Le carré est le produit d'un nombre par lui-même; cependant le carré est un nombre concret, il représente le nombre de vitres d'une fenêtre aussi large que haute, celui des cases d'un damier, celui des pavés d'un salon carré. Or, un nombre qui se multiplierait lui-même serait un nombre abstrait, puisque le multiplicateur est abstrait.

Le D. Le carré alors sera une des rangées des vitres, des cases ou des pavés, multipliée par le nombre de rangées qui est égal à celui du multiplicande.

Le M. A la bonne heure! Mais je voudrais conserver l'idée de carré d'une chose, d'une unité, sans y mêler celui des rangées.

Le D. Eh bien! alors le carré sera l'unité dont il sera question, multiplié deux fois par le même nombre.

Le M. C'est justement cela.

Le D. Mais pourquoi cette difficulté? tous les multiplicandes ne sont-ils pas la même chose?

Le M. Vous avez formé le carré par multiplication, il est vrai; mais si vous l'aviez fait par rangées de nombres impairs, comme il se forme réellement, vous n'aviez aucune espèce de multiplicande à présenter. Il vaut mieux le présenter comme le produit de deux nombres abstraits, bien entendu en supposant qu'ils multiplient une unité quelconque, sans quoi aucun nombre n'est rien.

CINQUIÈME LEÇON.

[Il sera facile de faire passer l'élève du compte des jetons à l'écriture. On se trouvera à vouloir faire un compte avec un crayon et du papier, mais sans avoir le sac à sa portée; on fera les marques sur le papier ; on dira à l'élève que l'on veut conserver quelques résultats, il les marquera en chiffres ; on lui fera ensuite conserver ses opérations, et on continuera sur le papier pour les mises au net, et sur l'ardoise ou la planche noircie pour les essais. Je vais remplacer, en conséquence, le mot marquer par celui écrire.

Ce changement coûtera peut-être un peu à l'élève ; des jetons lui auront servi de joujou ; mais il faut sévrer peu à peu l'enfance de joujoux, et l'habituer à la réflexion et à l'abstraction.

Le M. Une ville a nourri quatre mille six cent treize soldats pendant trois mois et vingt-deux jours : combien a-t-elle fourni de rations?

Le D. Trois mois et vingt-deux jours sont

$$\begin{array}{l} \text{XXX} \\ \text{XXX} \\ \text{XXX} \\ \text{XX II} \\ \hline \text{C X II} \quad \text{Cent douze jours.} \end{array}$$

	MMMM	CCCCCC	X III
C	C C C C	X X X X X X	M CCC
X	X X X X	MMMMMM	C XXX
I	MMMM	C C C C C	X III
I	MMMM	C C C C C	X III

Produit, CCCCC X MMMMMM CCCCC XXXXX IIIIII
Cinq cent seize mille six cent cinquante-six.

Le M. Nous avons bien abrégé nos calculs. Combien vous aurait-il fallu de temps pour compter celui-ci avec vos haricots?

Le D. Que sais-je; peut-être tout un jour.

Le M. Nous n'avons qu'à le compter. Vous pouviez, en vous dépêchant bien, ranger et compter cinquante haricots par minute : combien cela fait-il par heure?

Le D.

XXXXX

X	CCCCC
X	CCCCC
X	CCCCC
X	CCCCC
X	CCCCC
X	CCCCC

Trois mille.

Le M. Divisez par trois mille le produit que vous avez déjà obtenu.

Le D.

ĊĊĊĊĊ X ṀṀṀṀṀṀ CCCCCC XXXXX IIIII

Ṁ	Ċ XXXXXXX ṀṀ
Ṁ	Ċ XXXXXXX ṀṀ
Ṁ	Ċ XXXXXXX ṀṀ

Resté, CCCCCC XXXXX IIIII

Je n'aurai pas de quotient.

Le M. Pourquoi?

Le D. Il n'y a point de rangée pour les unités.

Le M. Vous les trouverez, si vous vous en donnez la peine. [On fait l'opération.] Cherchez à présent votre quotient.

Le D. Il est de cent septante-deux mille. S'il y avait des c, la rangée serait cent septante-deux cents ; s'il y avait des x....... Le quotient est cent septante-deux heures, et un fort reste.

Le M. Nous pouvons le laisser. Combien cela fera-t-il de jours?

Le D. Je suppose que je pnis travailler huit heures par jour.

Le M. Mettez-en dix.

Le D.

	C XXXXXXX II
X	C XXXXXXX
I	X IIIIIII

Le quotient est dix-sept, et il reste deux.

Le M. Et comme il vous fallait compter vos haricots deux fois, vous en aviez pour trente-quatre jours.

Le D. Et sans congé encore.

Le M. Eh bien! nous pouvons encore abréger beaucoup.

Le D. Volontiers.

Le M. Vous avez remarqué que l'on pouvait diviser le produit de tous ces nombres contenant des unités de différens ordres en petites cases, dont chacune ne contenait que des unités du même ordre.

Le D. Oui ; et que les carrés qui sont en diagonale de la droite en haut à la gauche en bas, ont
des unités pareilles.

Le M. Pouvez-vous savoir d'avance de quel
ordre seront les unités de chaque case?

Le D. Sans doute.

Le M. Pouvez-vous savoir aussi combien il y en
aura dans chacune?

Le D. Également.

Le M. Marquez cette multiplication : quatre
mille deux cent trente-quatre par trois mille cinq
cent vingt-quatre.

	MMMM	CC	XXX	IIII
M M M	a	b	d	g
c c c c c	c	e	h	l
X X	f	j	m	o
I I I I	k	n	p	q

Mettez de petites lettres dans chaque case, placez-les en diagonale pour qu'elles suivent l'ordre des unités des produits.

4

Le M. Qu'aurez-vous dans la case *a?*

Le D. Des millions.

Le M. Combien?

Le D. Trois fois quatre, douze.

Le M. Ecrivez douze millions, et espacez vos colonnes comme pour faire une addition. — Qu'aurez-vous dans *b?*

Le D. Six *c.*

Le M. Ecrivez-les au-dessous ; et dans *e* ?

Le D. Vingt *c* ou deux *m.*

Le M. Continuez d'écrire tous les produits partiels.

Le D.

a	X MM						
b		CCCCCC					
c	MM						
d			XXXXXXXXX				
e		C					
f			XXXXXXXX				
g			X	MM			
h			X	MMMMM			
i				MMMM			
k			X	MMMMMM			
l				MM			
m					CCCCCC		
n					CCCCCCCC		
o						XXXXXXX	
p					C	XX	
q						X	IIIII
	X MMMM CCCCCCCC XX				CCCCCC	X	IIIII

Le D. Quatorze millions neuf cent vingt mille six cent seize. Il m'aurait fallu plus d'un an pour compter celui-là.

Le M. Ecrivez à présent quatre cent vingt-trois et cinq cent quarante-quatre. Formez les cases.

Le D. Au lieu de commencer par les plus forts nombres, commencez par les plus faibles du multiplicateur, en suivant tous ceux du multiplicande, et en faisant l'addition à mesure avant d'écrire les nombres.

```
               CCCC      XX        III
   C
   C
   C       i         h         g
   C
   C
   X
   X       f         e         d
   X
   X
   I
   I       c         b         a
   I
   I
           Ṁ                CCCCC      XXXXXXXX II
      Ẋ    ṀṀṀṀṀ           CCCCCCCC   XX
  ĊĊ  Ẋ    Ṁ               CCCCC
  ─────────────────────────────────────────────
  ĊĊ  ẊẊẊ              C           X            II
```

Le D. Je commence par la case *a*, où j'ai douze unités ; j'en écris deux.

Dans la case *b*, j'aurai huit dix ; j'en écris neuf.

Dans la case *c*, seize c ; j'écris ṁ et six c.

Je recommence à la case *d*, j'ai douze x ; j'en écris deux.

A la case *e*, j'ai huit c, j'en écris neuf.

A la case *f*, j'ai seize ṁ ; j'écris dix ẋ et six ṁ.

A la case *g*, j'ai quinze c ; je retiens un ṁ.

A la case *h*, dix ṁ ; j'écris celui que j'ai retenu, et je retiens ẋ.

A la case *i*, vingt ẋ ou deux ċ, que j'écris avec le ẋ que j'avais retenu.

Deux cent trente mille cent douze. -

Le M. On peut écrire les deux nombres l'un sur l'autre en les ordonnant. — Combien font deux cent cinquante quatre bataillons, à cinq cent soixante-huit hommes chacun.

Le D.

			CCCCC	XXXXXX	‖‖‖‖‖‖
			CC	XXXXX	‖‖‖‖
		ṀṀ	CC	XXXXXXX	‖‖
ẊẊ		ṀṀṀṀṀṀṀṀ	CCCC		
ĊẊ		ṀṀṀ	CCCCCC		
Ċ ẊẊẊẊ		ṀṀṀṀ	CC	XXXXXXX	‖‖

Cent quarante-quatre mille deux cent septante-deux hommes.

Le M. Vous auriez pu tout de même commencer les produits partiels par les sommes les plus fortes ; c'est absolument indifférent.

Le D. Voyons si la même méthode pourra s'appliquer à la division.

Le M. Divisez six mille deux cent seize par quarante-deux.

Le D. ṀṀṀṀṀṀ CC X IIIIII

X	Ṁ	CCCC	XXXXXXXX
X	Ṁ	CCCC	XXXXXXXX
X	Ṁ	CCCC	XXXXXXXX
X	Ṁ	CCCC	XXXXXXXX
I	C	XXXX	IIIIIIII
I	C	XXXX	IIIIIIII

Le M. Qu'aurez-vous à la première case?

Le D. Des ṁ, une rangée?

Le M. Qu'y aura-t-il alors aux unités?

Le D. Des C.

Le M. Faites ces rangées. Que reste-t-il?

Le D. Deux ṁ, une x et six. J'ai vingt cents; ils peuvent faire cinq rangées.

Le M. Il est plus sûr de n'en commencer que quatre.

Le D. Il me reste trente-trois x; je vais en commencer six à la fois. Il m'en reste encore; j'en mets deux autres, il ne me reste rien. Le quotient est cent quarante-huit.

Le M. Je crois que nous pourrons employer la méthode abrégée des multiplications partielles.

Le D. Oui, car si celle-là abrége en mettant les chiffres plusieurs à la fois, et en ne changeant que mentalement, l'avantage n'est pas bien grand.

Le M. Cette dernière soit. — On a trouvé dans un magasin soixante-deux mille livres de foin; on a

cinq cent trente-cinq chevaux pour les charger ;
combien·en faudra-t-il mettre sur chaque cheval ?

Ecrivez le dividende au-dessus ; vous aurez besoin des lignes de dessous pour les soustractions.

```
Le D.                  c        xx           ıııııı
                       ccccc    xxx          ıııı
                       ___________________________

xxxxxx mm
xxxxx   mmm            ccccc
_______________________________

        mmmmmmmm ccccc
        mmmmm    ccc           xxxxx
        ___________________________

              mmm c           xxxxx
              mm  cccccc       xxxxxxx      ıııı
              _____________________________________

                ccgc          xxxxxxx      ıııı
                _________________________________
```

R. cccc xxxxxxx·ıııı.

Les plus forts chiffres que me puisse donner la
rangée des unités pour avoir des x sont des c, et
il n'y en aurait qu'une rangée.

Le M. Multipliez tout votre diviseur par cent ; ce
sera un produit partiel.

Le D. Il me reste huit m cinq c. Je crois qu'il
n'y aura qu'une rangée de dix.

Le M. Vous seriez à temps d'ailleurs à en mettre
une autre.

Le D. Il me reste trente et un c ; peut-être j'aurai

six unités. Il vaut mieux n'en mettre que cinq. Il me reste quatre cent soixante-quinze livres, et il y en aura cent quinze sur chaque cheval.

[Il est inutile de répéter à chaque page que je ne donne qu'un petit nombre d'exemples ; qu'il ne suffit pas , à beaucoup près , que l'élève en ait fait un ou deux de pareils ; qu'il ne doit passer aux plus avancés qu'après être bien sûr de ce qui précède, et que l'on doit souvent le faire retourner sur ses pas. On pourra, sous prétexte de vérification , lui faire de temps en temps refaire ses multiplications par carrés.

Il faut lui donner la bonne habitude de n'être jamais gêné par ses habitudes. Il doit pouvoir placer indifféremment le multiplicande au-dessous et au-dessus du multiplicateur ; faire la même chose pour la division , etc. Seulement il faut tenir constamment à ce qu'il ordonne bien ses chiffres.]

SIXIÈME LEÇON.

Le M. Nous allons appliquer ces procédés à l'extraction des racines ; à celle de sept cent huitante-quatre, par exemple.

Le D. Je ne sais si je pourrai me passer de cases.

Le M. Pourvu que vous vous souveniez bien

de ce qu'elles contiennent, vous n'en avez pas besoin.

Le D.

                    xx   iihiiii
        cccccc xxxxxxx iiii   xxxx
        cccc   iiiiiii
        ____

        ccc   xxxxxxx iiii
        ccc   xx
        ____

              xxxxxx   iiii
              xxxxxx   iiii

Ma première case contiendrait des cents, dont la racine serait des x. Je ne pourrais pas en mettre neuf : donc ma racine des dixaines est xx, dont le carré est cccc. Il me reste ccc xxxxxxx iiii.

Le M. Qu'y a-t-il dans les trois autres cases du carré ?

Le D. Deux fois le produit des dixaines par les unités, et le carré des unités.

Le M. Donc les unités sont égales à la moitié du quotient du reste par les dixaines, ou au quotient du reste divisé par le double des dixaines, pourvu que le reste soit assez fort pour contenir le carré des unités ?

Le D. Le double des x est quarante. J'ai trois cent huitante à diviser par xxxx ; c'est plus de neuf. Mais à neuf le quarré des unités est huit dixaines ; par conséquent il ne reste que trois cent, où quarante n'est plus neuf fois ; je crois qu'il y sera huit.

Je multiplie quarante par huit ; j'ai trois cent vingt. Il reste soixante-quatre , qui est le carré des uni-iés. J'écris huit à la racine, qui est vingt-huit ; il ne reste rien.

Le M. Si vous aviez dix rangées de dix jetons chacune, et que sur chaque jeton vous en plaçassiez neuf autres de manière à faire des piles de dix, vous auriez un nombre mille qui serait le produit de l'unité, du jeton, multipliée trois fois dans trois sens différens ; ce nombre est le cube, la troisième puissance de dix.

Le D. De sorte que la troisième puissance est le carré multiplié par la racine.

Le M. Le carré s'appelle aussi la seconde puissance.

Le D. Et ce sera le nombre lui-même, ou la rangée, qui fera la première.

Le M. Justement.

Le D. Y a-t-il des puissances au-dessus de la troisième?

Le M. Oui ; mais nous ne nous en occuperons pas dans ce moment. Nous allons faire le cube de vingt-trois, mais nous allons pour cela recourir aux jetons.

[Je regarde comme utile que l'élève j'oigne l'idée du cube à celle des trois dimensions. Il est fort aisé de construire le cube avec des jetons ; mais il

4*

est impossible de le figurer autrement que par la description des couches successives.]

Le carré de vingt-trois est

cc xxx
cc xxx
xx III
xx III
xx III

Pour élever cela au cube il faudrait mettre vingt-trois jetons pareils sur chaque pile ; mais nous abrégerons comme nous avons déjà fait.

La première couche sera : La seconde sera pareille.

ṀṀ ccc	ṀṀ ccc
ṀṀ ccc	ṀṀ ccc
cc xxx	cc xxx
cc xxx	cc xxx
cc xxx	cc xxx

La troisième sera, ainsi que les deux suivantes, la même que celle du carré.

cc xxx	cc xxx	cc xxx
cc xxx	cc xxx	cc xxx
xx III	xx III	xx III
xx III	xx III	xx III
xx III	xx III	xx III

Le M. Combien de mille avez-vous ?

Le D. Autant de couches qu'il y a de dixaines, et chacune égale au carré du nombre des dixaines.

Le M. Ainsi, les ṁ sont formés du cube des dixaines. — Combien de cents avez-vous?

Le D. Il y en a dans trois endroits, aux deux premières couches, entre les ṁ et les i, et au-dessus des mille.

Le M. Combien y en a-t-il dans chaque endroit?

Le D. Egalement douze.

Le M. Douze est le produit de quatre cents, carré -des dixaines par les unités. Il y en a dans trois endroits pareils : c'est le triple du carré des dixaines par les unités.

Combien y a-t-il de dixaines?

Le D. Dans les deux premières couches, à l'angle opposé aux ṁ, et dans les trois autres, au-dessus des c, il y en a dans chaque endroit dix-huit.

Le M. Qui est, comme vous le voyez, le carré des unités multipliées par les dixaines; il se retrouve trois fois comme l'autre. Et enfin, combien avez-vous d'unités?

Le D. Vingt-sept en un seul endroit; c'est le cube des unités.

Le M. Ainsi, le cube d'un nombre est formé :

Du cube des dixaines,

Du triple carré des dixaines multiplié par les unités,

Du triple carré des unités multiplié par les dixaines,

Du cube des unités.

Pour mieux le voir, joignez le carré de vingt-trois, et multipliez-le ensuite par produits séparés.

Le D.   xx iii

$a\ b$ x | cc xxx
           x | cc xxx
$c\ d$ i | xx iii   xx iii,
           i | xx iii
           i | xx iii

Je multiplie neuf par trois de la case d,   xx iiiiii
Six x par trois de la case c,   c xxxxxxx
Six x par trois de la case b,   c xxxxxxx
Quatre c de la case a par trois,   ṁ cc
Neuf de la case b par deux x,   c xxxxxxx
Six x de la case c par deux x,   ṁ cc
Six x de la case b,   ṁ cc
Quatre c de la case a,   ṁṁṁṁṁṁṁṁ

Total,   ẋ ṁṁ c xxxxx iiiiii

Douze mille cent soixante-sept, cube de vingt-trois.

Peut-on extraire la racine du cube ?

Le M. Oui ; elle s'appelle la racine cubique, ou troisième. Comment ferez-vous pour l'extraire ?

Le D. Le meilleur serait de le faire avec des jetons. S'il y a des mille au nombre, il y a des x à la racine ; on ferait le petit cube des dixaines, et puis on groupperait tout autour les autres nombres de manière à le grossir d'une unité dans tous les sens à chaque fois.

Le M. Mais pour le faire sur le papier ?

Le D. Il faudra d'abord prendre le cube des dixaines à vue, le retrancher; ensuite, comme les centaines qu'il y a sont le produit du triple du carré des dixaines par les autres, on les divisera par ce triple carré en prenant un nombre faible, parce qu'il y a encore des produits à ôter.

[On n'insiste pas pour faire faire à l'élève une extraction de racine cubiqué.]

Le D. Comment fait-on pour extraire la racine carrée des nombres qui ont plus que des dixaines à cette racine ?

Le M. Si vous multipliez des centaines par des centaines, qu'aurez-vous ?

Le D. des ẋ.

Le M. Ainsi votre plus grand carré sera dans les ẋ ; et quel nombre y a-t-il dans les cases à côté ?

Le D. Des mille et dix fois le produit des dixaines par les centaines ; de, sorte qu'on double la racine, on divise le reste par ce double ; on fait le carré du quotient, et on le retranche avec le produit du double des centaines, et alors vous avez

un nombre de dixaines, et vous achevez à l'ordinaire.

Le M. Extrayez la racine de ċ.

Le D. Je vais écrire   CCC X IIIII

XXXXXXXXX   CCCCCC X

XXXXXXXX   CCCCCC XX IIIIII.

MMMMMMMMM

MMMMMM   C

MMM CCCCCCCC

MMM CCCCCC

XXXXX IIIIII

C XXXX IIII

Racine, trois cent-seize; il reste cent quarante-
quatre.

Le D. Cent est le carré de dix?

Le M. Sans doute.

Le D. Mille, la troisième puissance ?

Le M. Oui.

Le D. Dix mille doit être la quatrième ?

Le M. Certainement.

Le D. Cent mille la cinquième, un million la
sixième; et ainsi de suite. De sorte que tous les
chiffres dont nous nous servons sont des puissances de dix, et ne sont que des puissances de dix,
excepté l'unité, qui entre dans toutes les puissances.

SEPTIÈME LEÇON.

Le M. Il peut être agréable de savoir d'avance si les nombres sont divisibles sans reste par d'autres ; par exemple, quand est-ce qu'un nombre est divisible par deux ?

Le D. Lorsque les unités sont en nombre pair.

Le M. Pourquoi ?

Le D. Je le sais depuis bien long-temps, parce que dix est un nombre pair.

Le M. Quand est-ce qu'un nombre est divisible par quatre ?

Le D. Je n'en sais rien ; dix n'est pas pairement pair.

Le M. Voyez s'il n'y aurait pas quelque nombre au-dessus qui le serait.

Le D. Cent ; ainsi quand les dixaines et les unités sont divisibles par quatre, le nombre entier doit l'être.

Le M. Huit est de même pour les chiffres des trois derniers ordres. Y a-t-il un moyen de reconnaître ceux qui sont divisibles par cinq ?

Le D. Tous ceux qui finissent par cinq unités ou par des dixaines.

Le M. Et pour dix, quelle règle y a-t-il à suivre ?

Le D. Tous ceux qui finissent par une dixaine, et à plus forte raison par c.

Le M. Comment pourrez-vous reconnaître ceux que l'on peut partager en neuf portions sans reste?

Le D. C'est impossible, sans les diviser.

Le M. Il n'y a rien de plus aisé.

Le D. Et quels sont-ils?

Le M. Ceux qui ont neuf chiffres ou un nombre de chiffres divisible par neuf. Essayez-le.

[L'élève met au hasard neuf, dix-huit caractères de différens ordres ; ils sont toujours divisibles par neuf. On les lui fait tirer au sort dans le sac aux jetons ; c'est la même chose.]

Le D. D'où vient cela ?

Le M. Ecrivez un nombre quelconque.

Le D. xx mmm cc x i. Il doit être divisible par neuf.

Le M. Aussi l'est-il. — Divisez chacun de vos chiffres par neuf.

Le D. Dans dix, une fois et un de reste.

Dans cent, onze fois (ou nonante-neuf) et un de reste.

Dans mille, il sera dans neuf cents cent fois, et dans nonante-neuf encore onze fois, et un de reste.

Dans dix mille, encore mille cent onze fois, et toujours un de reste.

Le M. Ecrivez votre nombre avec les restes de neuf au-dessous de chaque chiffre.

Le D. xxmmmccxi.

i i i i i i i

Le M. Neuf est contenu dans le nombre je ne sais combien de fois ; mais dans chaque chiffre il est avec un de reste , de sorte que si tous ces restes-là font neuf, il y sera encore une fois de plus et sans reste.

Le D. Y a-t-il quelqu'autre nombre qui ait la même propriété ?

Le M. Cherchez s'il y en a quelqu'autre qui divise dix, cent, mille, avec un de reste.

Le D. Trois doit le faire comme neuf, puisque où il y a neuf, il y a trois fois trois.

Le M. Vous avez raison ; tous les nombres dont les chiffres additionnés forment trois, ou un multiple de trois , sont divisibles par ce nombre.

Le D. De sorte que l'on sait, sans effectuer l'opération, si on peut diviser un nombre par deux, trois, quatre, cinq , six ; s'il est divisible par deux et trois, huit, neuf, dix, douze, quinze, dix-huit, et bien d'autres.

Le M. Le nombre onze a aussi une propriété analogue. Tous les nombres où elle existe sont ses multiples, mais elle n'existe pas dans tous.

Le D. N'importe, c'est toujours bon à savoir.

Le M. Si le nombre des chiffres qui expriment des un, des cent, des dix mille, enfin des puissances prises de dix, sont en même nombre que ceux qui expriment les puissances ou ordres impairs, le nombre est divisible par onze ; par exemple : x̄ ṁṁṁ cccc xxxx i , où vous avez x̄ cccc i , qui ont le même nombre de caractères que ṁṁṁ xxx.

Le D. N'y a-t-il rien pour sept?

Le M. Il y a une méthode générale pour trouver par l'addition des chiffres si un nombre en a un autre pour diviseur ; mais pour sept, treize et les autres, les opérations qu'il faut faire sont beaucoup plus longues que la division.

On a tiré de la prérogative du nombre neuf un emploi assez utile; on s'en sert pour faire une espèce de vérification légère des opérations peu importantes, lorsque l'on n'a pas le temps de faire les véritables, qui sont les opérations inverses.

Si vous ajoutez un nombre divisible par neuf à un autre qui ait la même propriété, la somme en jouira aussi.

Le D. Si je les retranche l'un de l'autre, il en sera de même; et de même encore si je multiplie.

Le M. Et si vous divisez ?

Le D. Alors le reste sera toujours divisible par neuf, comme dans la soustraction ; mais s'il n'y a point de reste, le diviseur aura cette faculté.

Le M. Et si ces nombres n'étaient pas multiples de neuf, qu'il y eût du reste ?

Le D. Les restes qui se trouveront dans toutes les parties doivent se trouver dans la somme des additions ; de sorte que si l'excédant total du neuf que l'on trouvera dans la somme n'est pas le même que celui des parties, l'addition ne sera pas exacte.

Le M. Qu'en sera-t-il pour la soustraction?

Le D. Que la somme des restes du soustracteur et de la différence, doit égaler le reste du soustrayande.

Le M. Soustrayez de mille six cent vingt-quatre, sept cent huitante-neuf.

Le D.

M cccccc	xx	iiii
ccccccc	xxxxxxx	iiiiiiii
cccccccc	xxx	iiiii

Il y a au soustrayande treize chiffres; excès sur neuf,   iiii

Au soustracteur vingt-quatre; excès sur dix-huit,   iiiiii

A la différence seize, excès sur neuf,   iiiiiii

Somme, treize; dont la somme des chiffres est quatre.   xiii

Le M. Comment ce moyen s'applique-t-il à la multiplication?

Le D. Puisqu'il est bon pour l'addition, il est bon pour la multiplication. Les restes ou excès sur neuf du multiplicande, multipliés par ceux du multiplicateur, doivent produire un nombre qui ait autant de chiffres que l'excès du produit.

Voyez si vous ne pouvez pas le prouver directement par un exemple de multiplication ; par exemple, vingt-trois multiplié par onze.

Le D. Il faut que je refasse des cases.

	XX	III
X	CC	XXX
I	XX	III

Pour chaque chiffre que j'ai au multiplicateur je
fais une rangée entière du multiplicande ; par conséquent les restes se multiplient exactement comme
si chacun de mes chiffres était un de mes anciens
haricots blancs ; et comme les réductions n'y
changent rien parce que les excès sur dix x sont
les mêmes que sur un cent, cela doit se trouver
toujours.

Le M. Vous avez vu déjà par la division que cent
devait être divisible par neuf, plus, un de reste ;
prouvez-le directement en décomposant sa racine
dix en neuf et un.

Le D. Le carré de dix est composé du carré
de neuf, du double de neuf, et de l'unité : or, les
deux premiers produits sont divisibles par neuf ;
donc il restera l'unité seule.

Le cube de dix est composé du cube de neuf,
de trois carrés de neuf, et de trois fois neuf

unités ; plus, du cube d'un qui est un. Excepté ce dernier terme, tout le reste est divisible par neuf.

Le M. Comment appliquerez-vous la preuve par neuf à la division ?

Le D. Les excès du quotient multipliés par ceux du diviseur, et ajoutés à ceux du reste, doivent égaler ceux du dividende.

Le M. La preuve par neuf est bonne ; mais elle ne donne pas de certitude suffisante. Elle fait voir, il est vrai, si on a omis un chiffre, ou si on en a mis un de trop. Mais si, par hasard, vous aviez mis huit cent sept pour sept cent huit, nonante-huit pour huitante-neuf, elle ne vous instruirait pas de l'erreur.

———

HUITIÈME LEÇON.

Le M. Un nombre est divisible par dix lorsqu'il se termine par une dixaine.—Quelle est la dixième partie de six mille sept cent huitante ?

Le D. MMMMMM CCCCCCC XXXXXXX
    X | CCCCCC XXXXXX IIIIIIII

Le nombre est pareil, si ce n'est que j'ai mis sous chaque M un C, sous chaque C un X et sous chaque X une unité. C'est bientôt fait.

Le M. Vous pouvez exprimer aussi cela en di-

sant que toutes les puissances de dix dans ce nombre ont été diminuées d'une.

Le D. On peut aussi diviser par cent les nombres qui finissent par un c.

Le M. Divisez par cent, un million huit cent
vingt-quatre mille six cents.

Le D. Ṁ ċċċċċċċ ẋẋ ṀṀṀṀ ccccc
  ẋ ṀṀṀṀṀṀṀṀ cc xxxx ıııııı

Dix-huit mille deux cent quarante-six.

Le M. Dix ouvriers ont cent soixante-quatre
mètres de fossé à faire ; combien est-ce pour
chacun ?

Le D. Mais cent soixante-quatre n'est pas divisible par dix, puisqu'il finit par des unités.

Le M. Faites toujours.

Le D.   c xxxxxx ıııı
  x ıııııı

Je disais bien qu'il y aurait quatre mètres de
reste.

Le M. Quatre mètres c'est bien quarante déci-
mètres, dont le dixième est quatre.

Le D. Je n'y pensais pas. Mais nous ne pouvons
pas les marquer, c'est plus petit que l'unité.

Le M. Marquons-les par un *x*, parce que ce
sont des dixièmes.

Le D. Le quotient est x ıııın *xxxx.*

Le M. Le quintal ou le cent de livres de laine

coûtent quatre cent trente-trois francs ; combien c'est-il la livre ?

Le D. Que mettrai-je après les x, qui sont des décimes.

Le M. Des c pour des centimes.

Le D.

$$\text{cccc xxx iii}$$
$$\text{iiii } xxx\ ccc$$

Quatre francs trente-trois centimes.

Le M. Il y a quelques poids et mesures qui, comme la monnaie, se divisent en dixièmes ; centièmes millièmes ; mais il ne tient qu'à nous d'étendre cela à toutes les unités.

Le D. Comment ?

Le M. En les supposant toutes divisées en dixièmes, centièmes, millièmes, etc., nous appellerons cela des décimales.

Le D. Et à quoi cela servira-t-il ?

Le M. A mettre sous une forme que nous connaissons, et à laquelle nous sommes accoutumés, les restes des divisions qui à présent ne peuvent pas entrer dans les calculs, et peut-être à nous apprendre encore des choses que nous ne connaissons pas.

Le D. Soit donc encore des signes de plus ; nous nous servirons des mêmes, seulement ils seront plus petits. Mais ces dixièmes, centièmes, millièmes, sont-ils aussi des puissances de dix ?

Le M. Sans doute, mais d'une nature différente. Nous verrons ce qui en est. — Divisez cinq par quatre.

Le D.

$$\begin{array}{r} \mathrm{I}\ xx\ ccccc \\ \hline \mathrm{IIII} \\ \hline \mathrm{IIIII} \end{array}$$

Le quotient est un.　IIII

Il reste un, que je change en dixièmes.

$$\begin{array}{r} xxxxxxxxx \\ xxxxxxx \\ \hline xx \end{array}$$

Le quotient est deux dixièmes.　xx

Il reste deux dixièmes, qui font vingt centièmes. Le quotient est cinq centièmes ; il ne reste plus rien.

Le M. Voilà une quantité cinq divisée par quatre, que nous pouvons à présent faire entrer dans nos calculs.

A présent divisez un par neuf.

Le D. Je ne puis, parce que neuf est plus grand que un.

Le M. Neuf au diviseur est à présent un nombre abstrait qui n'est plus grand ni plus petit que un, nombre concret, et le un que je veux diviser est un million de myriamètres que je veux prendre pour unité, parce que l'unité est ce qu'on veut.

```
Le D.   x c m   x c m   x c

        IIIIIIII
        ————————
        xxxxxxxxx          I
        xxxxxxxxxx
        ————————— x
        ccccccccc
        ccccccccc          o
        ————————
        ṁṁṁṁṁṁṁṁṁṁ
        ṁṁṁṁṁṁṁṁṁṁ         ṁ
        —————————
        ẋẋẋẋẋẋẋẋẋẋ
        ẋẋẋẋẋẋẋẋẋẋ         ẋ
        —————————
        ċċċċċċċċ
```

Il n'y a pas d'unité au quotient. Je fais des dixièmes; il y a un dixième, et il reste un dixième;
j'en fais des centièmes. Il y a un centième, il reste
un centième; j'en fais des millièmes. Il y a un millième au quotient, un millième de reste; j'en fais
des dix-millièmes.

Cela suffit-il ?

Le D. Quand on croit avoir assez approché du

5

quotient exact on s'arrête ; d'ailleurs une suite de décimales comme celle-là ne peut jamais finir , puisqu'il y a toujours un reste qui donne lui-même un reste égal. Vous pouvez à vue l'alonger autant que vous voudrez.

Le D. Nous voilà bien avancés ; nous avons de nouveaux chiffres , sans avoir pour cela atteint l'exactitude.

Le M. Ceux-ci sont plus exacts que vous ne pensez ; d'ailleurs l'exactitude a partout des limites. Les centièmes dans les petites quantités , les millièmes dans les grandes , sont ordinairement négligés , et l'exactitude du dix-millième n'est nécessaire que dans des cas très-rares.

Lorsque l'on nomme les décimales , on ne dit pas deux dixièmes , cinq centièmes ; mais vingt-cinq millièmes. En général , on ne prononce que le nom de la dernière , et on nombre celles qui sont devant comme si c'étaient des unités. Il serait pourtant plus commode de prendre des points pour s'arrêter constamment , afin que la même décimale ne s'appelât pas six , soixante , six cents ou six mille , suivant le nombre de celles qui suivent. Je crois commode de prononcer toujours des millièmes , sauf à recourir aux millionièmes , en cas de besoin. Écrivez six dixièmes deux centièmes.

Le D. $xxxxxx$ cc

Le M. Soixante-deux centièmes.

Le D. *xxxxxx* *cc*

Le M. Six cent vingt millièmes.

Le D. Vingt millièmes font deux centièmes.

xxxxxx *cc*

C'est absolument la même chose.

Le M. Ceci n'est point changer les décimales les unes dans les autres ; c'est uniquement une différente manière de prononcer ; c'est comme dix-huit cents, au lieu de mille huit cents.

Additionnez quatre et deux cent quarante-six millièmes, avec cinq et sept cent soixante-quatre millièmes, avec vingt-huit centièmes, et, enfin, avec neuf et sept cent dix millièmes.

Le D.	ıııı	*xx*	*cccc*	*mmmmmm*
	ıııı	*xxxxxx*	*ccccc*	*mmmm*
		xx	*ccccccc*	
	ıııııııı	*xxxxxx*	*c*	

xx

Vingt tout juste.

Le M. De vingt-huit retranchez vingt-sept et sept cent trente-quatre millièmes.

Le D. Je vais changer tout de suite une unité en millièmes.

xxıııııı	*xxxxxxxx*	*cccccccc*	*mmmmmmmmmmmm*
xxıııııı	*xxxxxx*	*ccc*	*mmmm*

Reste *xx* *ccccc* *mmmmmm*

Deux cent soixante-six millièmes.

Le M. Multipliez vingt-quatre par douze et cent vingt-cinq millièmes. Faites les cases ; pour la première fois , cela vous évitera de la peine.

Dans les quatre du haut il n'y a pas de difficulté. Vis-à-vis des x il faut que la rangée soit du dixième plus petite que la précédente ; ainsi je mets $\textsc{ii}xxxx$. Vis-à-vis des c je mets encore à un ordre plus bas et ainsi de suite.

Le D.

	xx		IIII
X	C	C	XXXX
I	X	X	IIII
I	X	X	IIII
x	I	I	$xxxx$
c	x	x	$cccc$
c	x	x	$cccc$
$\dot{m}$	c	c	$\dot{m}\dot{m}\dot{m}\dot{m}$
$\dot{m}$	c	c	$\dot{m}\dot{m}\dot{m}\dot{m}$
$\dot{m}$	c	c	$\dot{m}\dot{m}\dot{m}\dot{m}$
$\dot{m}$	c	c	$\dot{m}\dot{m}\dot{m}\dot{m}$
$\dot{m}$	c	c	$\dot{m}\dot{m}\dot{m}\dot{m}$

.CC XXXXXXXXX I.

Total, deux cent nonante et un.

La preuve par neuf y va tout comme aux nombres entiers.

Le M. Multipliez trois cent septante-cinq millièmes par trente-deux.

Le D. xx ccccccc mmmmm
  XXX II
  ____

        $xxxxxxx$ ccccc
  X I xx ccccc
  ____

  X II   Total, douze.

Le M. Multipliez à présent trente-deux par trois cent septante-cinq millièmes.

Le D. XXXII.

        xxx cccccc   mmmmm
  ____

        x ccccc
    II xx cccc
  IIIIIIII xx
  ____

  X II

C'est singulier, le produit est plus petit que le multiplicande.

Le M. D'où vient cela?

Le D. Pour multiplier, il faut ajouter un nombre à rien, autant de fois qu'il y a d'unités dans le multiplicateur; or, comme toutes les fois que je l'ai ajouté ne font pas une unité, le produit ne peut pas être aussi fort que si je l'avais multiplié par un, c'est-à-dire qu'il ne peut pas être aussi fort que le nombre lui-même.

Le M. Multipliez encore trente-deux par six cent vingt-cinq dix millièmes.

Le D. Je vais le faire par cases pour être plus

sûr, et je vais faire comme si je multipliais par trente-deux.

	XXX	II
c	xxx	cc
c	xxx	cc
c	xxx	cc
c	xxx	cc
c	xxx	cc
c	xxx	cc
ṁ	ccc	ṁṁ
ṁ	ccc	ṁṁ
ẋ	ṁṁṁ	ẋẋ
ẋ	ṁṁṁ	ẋẋ
ẋ	ṁṁṁ	ẋẋ
ẋ	ṁṁṁ	ẋẋ
ẋ	ṁṁṁ	ẋẋ

I xxxxxxx

x ccccccc

c ṁṁṁṁṁṁṁṁ

ṁ

---

ii

Tout cela ne fait que deux unités ; c'est comme si j'avais divisé trente-deux par seize.

Le M. C'est qu'en effet vous avez ajouté à rien le seizième d'une fois ; et, pour vous en assurer, divisez un par seize.

Le D.   ccccc mm xxxxx

    x iiiiii
____

    1
____

    xxxxxxx

        ccccc
____

        cccc

           mm
____

         mmmmmmmmm
         mmmmmmmm

Il n'y a point d'unités et point de dixièmes ; je change en cent centièmes. Il y a six centièmes.

Il reste quatre centièmes, je mets deux millièmes au quotient ; il reste huit millièmes. Je divise huitante x par seize : il y a six dixièmes au quotient et rien de reste.

Ainsi, au lieu d'une multiplication, j'avais fait une division.

Le M. Le nom ne fait rien, pourvu que l'opération soit juste, et que vous ayez rempli les conditions que l'on vous a proposées.

Le M. On a employé mille quatre cent cinquante-deux mètres de drap pour habiller mille deux cent trente-quatre soldats, et on veut savoir, à un dix-millième de mètre près, ce qui est entré dans chaque habit.

Le D.

```
                      I    x    ccceccc   mmmmmmm   xxxxxx
                      ——

        M  CC   XXX           IIII
        M  CCCC XXXXX         II
        M  CC   XXX           IIII

           CC   X             IIIIIIII
           C    XX            III      xxxx
                XXXXXXXX      IIII     xxxxxx
                XXXXXXX       IIIII    xxx      ccccccc
                              IIIIIHI  xx                  cc
                              IIIIII   xxxx                          mmmmm
                                       xxxxxxxx                      mmmmmmm
                                       xxxxxxx     cccc                        xxxx

                                                cccccc   mmmmmm   xxxxxx
```

Quotient, un mètre dix-sept centimètres soixante-six centièmes de centimètre.

Le M. Divisez trois par vingt-cinq centièmes.

Le D. Je vais encore le faire par cases.

Je place les deux vis-à-vis des dix ; je change le troisième en x, et il m'en teste cinq après la première rangée. J'en place deux et cinq centièmes ; il m'en reste autant pour faire la troisième rangée.

$$
\begin{array}{c|l}
\multicolumn{2}{c}{\text{III}} \\
\hline
x & \text{I } xx \\
x & \text{I } xx \\
\hline
c & x \ cc \\
c & x \ cc \\
c & x \ cc \\
c & x \ cc \\
c & x \ cc \\
\end{array}
$$

Mais je ne sais où prendre le quotient.

Le M. Pourquoi?

Le D. Parce qu'il n'y a pas d'unité au diviseur.

Le M. Comment faisiez-vous quand vous n'y aviez que des м ?

Le D. Je faisais le quotient mille fois plus petit qu'une rangée ; il faudra que je le fasse dix fois plus grand que le premier.

Le M. Sans doute.

Le D. Le quotient est donc douze. Il est plus

grand que le dividende ; il l'est quatre fois : c'est donc une multiplication que j'ai faite.

Le M. S'il s'agit de soustraire de trois des portions de vingt-cinq centièmes, de trois francs des portions de vingt-cinq centimes, combien de fois le soustrayez-vous ?

Le D. Douze fois, parce que vingt-cinq centimes c'est un quart.

Le M. Si l'on vous dit de partager trois en vingt-cinq centièmes de portion, c'est vous dire de faire une portion dont trois soit les vingt-cinq centièmes ou le quart ; de combien sera cette portion ?

Le D. De douze ; ainsi cette division et bien juste dans les deux sens.

Le M. Combien coûteront de francs douze mètres cinquante centimètres de ruban, à soixante-cinq centimes le mètre.

Le D. C'est ici une multiplication où le produit sera plus petit que le multiplicateur.

	$xxxxx$	$ccccc$	
XII	$xxxxx$		
IIIII	$xxxxx$		
I	xxx		
	xxx	cc	$mmmmm$
IIIIIII	x	cc	$mmmmm$

Huit francs douze centimes cinq millimes.

Le M. Combien font quarante-six livres de laine, à quatre francs huitante centimes le quintal.

Le D.

```
        | I I I I | x x x x x x x x
    x   | x x x x | c c c c c c c c
    x   | x x x x | c c c c c c c c
    x   | x x x x | c c c c c c c c
    x   | x x x x | c c c c c c c c
   ---------------------------------
    c   | c c c c | m m m m m m m m m
    c   | c c c c | m m m m m m m m m
    c   | c c c c | m m m m m m m m m
    c   | c c c c | m m m m m m m m m
    c   | c c c c | m m m m m m m m m
    c   | c c c c | m m m m m m m m m

          II x x  m m m m m m m m
```

Deux francs deux décimes huit millimes.

Les centièmes multipliés par les dixièmes font des millièmes, et les dixièmes entre eux sont des centièmes; c'est justement l'opposé des nombres entiers.

Le M. Elevez vingt-cinq centièmes au carré.

Le D. x x   c c c c c

```
   x | c c   m m m m m
   x | c c   m m m m m
   c | m m   x x x x x
   c | m m   x x x x x
   c | m m   x x x x x
   c | m m   x x x x x
   c | m m   x x x x x
```

Soixante deux millièmes cinq dix-millièmes. Nous avons déjà vu que c'était un divisé par seize et vingt-cinq centièmes, et un divisé par quatre; de sorte que le carré d'un quart en est le quart.

Le. M. Extrayez la racine carrée de dix, à un dix-millième près.

Le D. x   iii x cccccc ṁṁ ẋẋ

───────────────────────────────

                   iiiii x

iiiiiiii   iiiii xx cccccc

───────────

    i   iiiii xxx cc ṁṁ

 xxxxxxc   iiiii xxx cc ṁṁ ẋẋẋ

──────────

 xxx   xcccccc

 xxx   cccccc ṁṁṁṁṁ ẋẋẋẋẋ

───────────────────────

         c   ṁṁṁṁ   ẋẋẋ

         c   ṁṁ   ẋẋẋẋẋ ċċċ   ṁṁṁṁ

──────────────────────────

            ṁ   ẋẋẋẋẋẋ   ċċċċ   ṁṁṁṁṁ ṁ

            m   xxxxxxx cccccccc ṁṁṁṁṁṁṁ ṁ ẋẋẋ

Trois, et cent soixante-deux millièmes et deux dix-millièmes. Trois dix-millièmes est trop fort, mais il est plus près.

[On doit multiplier les exemples de décimales : peu de choses forment autant l'esprit aux abstractions mathématiques, que les espèces de phénomènes que produisent leur emploi dans la multiplication et la division ; d'ailleurs comme, grâce au ciel, leur usage doit devenir général pour tous les emplois dans la vie civile, on ne peut trop y être accoutumé.

On pourra faire faire des additions de décimes et centimes, et d'autres fractions de la même nature].

APPENDICE AU LIVRE SECOND.

J'ai déjà dit, et je le répète, que je n'ai point la prétention de donner une règle ou méthode invariable. Je crois qu'il n'y en a de bonne que celle que chaque instituteur se fait d'après ses connaissances, sa manière de voir, et surtout le génie de son élève.

Aussi ai-je cru souvent devoir présenter plusieurs moyens pour arriver au même but : c'est dans cette vue que j'indique dans cet Appendice une autre manière de passer de l'arithmétique des choses à celle de leurs signes. Nous savons que les anciens se servaient, pour calculer, de *l'abaque*, table disposée d'une manière particulière, et qu'ils employaient des jetons ou de petites pierres dans leurs comptes.

Toutes les nations asiatiques, les Indiens, les Russes, les Chinois, se servent d'une machine analogue. C'est une espèce de grille composée de fils parallèles, dans lesquels sont enfilées des boules de bois ou d'ivoire ; chaque fil représente un ordre d'unités, et chaque boule une unité de cet ordre.

Par l'habitude de cet instrument on arrive à une très-grande rapidité d'exécution. On voit des

Mougicks (paysans russes) qui, dans peu de minu-
tes, arrêtent les comptes d'un village de plusieurs
centaines d'habitans, avec leur maître, et qui di-
sent avec la dernière précision combien on lui doit
à la déduction du papier-monnaie, des grains, des
chevaux, des filles pour le service du château,
des vaches et des bœufs pour la boucherie, qu'on
lui a fournis dans l'année.

Les anciens ne nous ont point laissé de bien
amples renseignémens sur leur manière de compter.
Je ne sais point l'arithmétique russe, et je ne veux
pas l'enseigner; mais comme j'ai pris une partie
des chiffres romains pour servir d'intermédiaire
entre les comptes effectifs et notre numération, j'ai
pris aussi l'idée principale de l'abaque pour mon-
trer comment on peut y parvenir par d'autres voies.

Celle-ci est plus courte, et je ne crois pas que ce
soit un motif de préférence. Entre le moment où un
enfant peut comprendre et effectuer les opérations
sur les quantités réelles, et celui où il peut saisir
également les résultats qui terminent ce petit ouvrage, il doit s'écouler plusieurs années. Ce n'est
pas la peine de se presser; l'essentiel est d'arriver
sans avoir fait de fausse route, et de ne rien
apprendre qu'il faille oublier, ou apprendre de
nouveau.

Je suppose que l'élève sera arrivé à un point
d'habileté tel à compter des haricots, que la gran-

deur des nombres sera la seule chose qui l'em-
barrassera.

PREMIÈRE LEÇON.

Le M. Il me semble que notre table est bien petite.

Le D. C'est que nos nombres sont bien grands.

Le M. Et cependant j'ai à vous faire faire des calculs encore plus longs. Il faut trouver un moyen d'y pourvoir.

Le D. Il faudra agrandir la table.

Le M. Ce moyen ne laisse pas d'avoir ses incon-véniens ; d'ailleurs je crois que je pourrais dépasser les bornes de la chambre.

Le D. Nous n'avons qu'à avoir une autre table, et nous conviendrons que les haricots qui seront sur celle-là vaudront dix de ceux qui sont ici ; alors à mesure qu'ils nous embarrasseront d'un côté nous en mettrons la dixième partie de l'autre, et nous saurons toujours notre compte.

Le M. Pourquoi avez-vous choisi le nombre de dix ?

Le D. Parce que c'est celui qui se compte le plus aisément.

Le M. Au lieu d'avoir deux tables nous pourrons nous contenter d'une.

Le D. Sans doute, en y faisant dans le milieu une grande raie noire ; ce qui sera à droite sera des

uns, et les haricots qui seront à gauche en vaudront dix.

Le M. Essayons : additionnez soixante-trois,
deux cent quarante-six, cent septante, vingt-
huit, cinquante-deux et huitante-sept.

Le D.

Soixante-deux dix et vingt-six, c'est soixante-
quatre dix et six, ou six cent quarante-six.

Le M. Soustrayez soixante-huit de nonante-
neuf.

Le D.

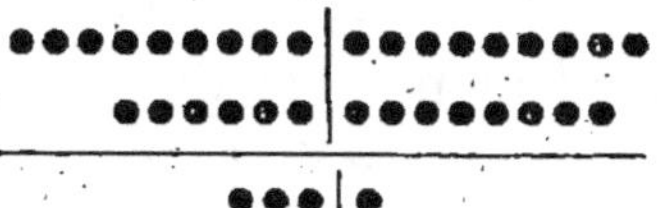

La différence est trente et un.

Le M. Il est bien de la marquer au bas.

Le M. Soustrayez quarante-sept de cent treize.

Le D.

Je ne puis pas.

Le M. Cependant le soustrayande est bien plus fort que le soustracteur; pourquoi est-ce que vous ne pouvez pas?

Le D. Parce qu'il me manque des unités.

Le M. Qu'en avez-vous fait?

Le D. Je vais les reprendre aux dixaines. A présent j'ai cent d'un côté et treize de l'autre; le reste est soixante-six.

[La multiplication doit se faire encore par les rangées nécessaires, et par conséquent sans avoir les produits. Pour marquer les unités du multiplicateur, on se servira d'un autre signe que les haricots. On fera de même pour la division, après avoir marqué par des signes, comme de petites pierres, combien d'unités de dixaines et combien d'unités simples il y a au diviseur; on fera des rangées horizontales du même nombre dans chaque case.

Comme à la soustraction, lorsqu'il manquera des unités on enlevera un haricot du côté des dix et on en mettra dix autres de l'autre côté.

On augmentera peu à peu les parties à ajouter et les multiplicandes, de manière que les dixaines qui n'ont que la moitié de la table deviennent à leur tour embarrassantes.]

SECONDE LEÇON.

Le D. Nous voilà au même embarras où nous étions.

Le M. Par votre faute.

Le D. Pourquoi?

Le M. Vous avez trouvé un moyen d'abréger, trouvez en un autre. Quant à moi, pourvu que vous travailliez, que vous vous occupiez, il m'importe peu que vous restiez deux jours ou deux heures après une multiplication.

Le D. Nous pourrions encore partager le côté des dix pour y mettre les cent.

Le M. A la bonne heure! mais s'il y a beaucoup de cents?

Le D. Et bien! un autre pour les mille.

Le M. Faisons mieux, calculons de combien de place nous avons besoin, et partageons toute la table en rangées. Je vous promets de ne jamais dépasser la colonne de gauche. De combien de haricots pouvez-vous avoir besoin sur la rangée la plus forte?

Le D. De neuf, parce que lorsque j'en ai dix je les fais passer à la gauche de la raie.

Le M. Eh bien! prenons la place de neuf haricots, et, pour ne pas nous tromper, mettons en tête de chaque colonne un mot qui indique de quelle espèce sont nos haricots.

Additionnez, trois mille trois cent vingt-six, quatre cent cinquante-deux, deux cent cinquante-sept, deux mille cinq cents et trois mille quatre cent soixante-cinq ; et lorsque vous trouverez des dix ou des cents dans la somme d'une colonne, faites les passer dans les colonnes supérieures.

Le D.

Dix mille.	Mille.	Cent.	Dix.	Un.
	•••	•••	••	••••••
	••••	•••••	••	••
	••	••••	•••••	••••••
••	•••••			
•••	••••	••••••	•••••	
•				

La somme est dix mille, que je marque par un seul jeton.

C'est bien plus tôt fait.

[On fait la soustraction, qui n'offre pas plus de difficultés. Comme l'élève n'aura de place que pour neuf haricots sur chaque rangée, il sera obligé de faire ses échanges de tête et sans déranger les comptes.

La multiplication et la division par rangées n'offriront pas plus d'embarras. On peut voir dans les leçons relatives à ce point de l'instruction, les connaissances générales que l'on peut donner alors aux élèves.]

TROISIÈME LEÇON.

[Le nombre des signes n'étant plus si considérable, on remplace les haricots par des jetons. On peut leur laisser la disposition horizontale dans les cases de neuf nombres ; on les range de haut en bas sur une seule ligne , comme les boules enfilées des Arméniens.

C'est en augmentant le nombre des unités du multiplicateur, qu'on force bientôt l'élève, ne fût-ce que par le manque de jetons, à recourir à des expédiens. D'abord on sait qu'il en manque peu , et on les supplée encore par des haricots ; ensuite il en manque davantage , et on supprime des dixaines , que l'on remplace par des unités dans l'ordre supérieur pour avoir des jetons disponibles.

Enfin, le multiplicateur devient si fort, qu'on prend le parti de faire la multiplication par celles de vingt, de trente, et à chaque fois on fait des produits partiels ; que l'on additionne ensuite.]

Le M. Nous allons multiplier trois mille six cent vingt-quatre par deux cent vingt-cinq, cela fera onze multiplications par vingt que nous allons faire, et peut-être pourrons-nous faire entrer dans la dernière les six rangées de plus.

Le D. Je pense que nous allons prendre une peine bien inutile.

Le M. Laquelle?

Le D. De ranger ces jetons par longues files, tandis que nous savons d'avance qu'ils ne doivent pas rester, et que nous devons les enlever tous, excepté un, par rangées de dix, que nous mettons à l'autre colonne.

Le M. Et pouvez-vous faire cela d'avance?

Le D. Je crois qu'oui.

Le M. Essayez, je ne demande pas mieux.

Le D. Je vais faire vingt-deux rangées de dixaines et cinq d'unités.

Cent mille.	Dix mille.	Mille.	Cent.	Dix.	Un.
		•••	•••••••	••	••••
		•••	•••••••	••	••••
		•••	••••••	••	••••
		•••	•••••••	••	••••
		•••	••••••••	••	••••
	•••	•••••••	••	••••	
	•••	•••••••	••	••••	
•••	••••••	••	••••		
•••	••••••	••	••••		
•••••••••	•	•••••	••••		

Le M. Mais ne pouvez-vous pas abréger encore?

Le D. Sans doute, il me faudrait encore défaire mes rangées de dixaines. Pourvu que je susse où mettre le premier chiffre du produit, je ne serais pas en peine.

Le M. Vous avez déjà une rangée des unités ;
continuez celles-là, elles vous guideront pour les
autres.

Le D. Je fais cinq rangées comme le multiplicande pour les cinq unités ; ensuite des rangées pareilles
d'une case en arrière pour les dix, et enfin deux
autres encore une case en arrière pour les cent.
Le produit est huit cent quinze mille quatre
cents.

Lé M. Elevez au carré trente-quatre.

Le D.

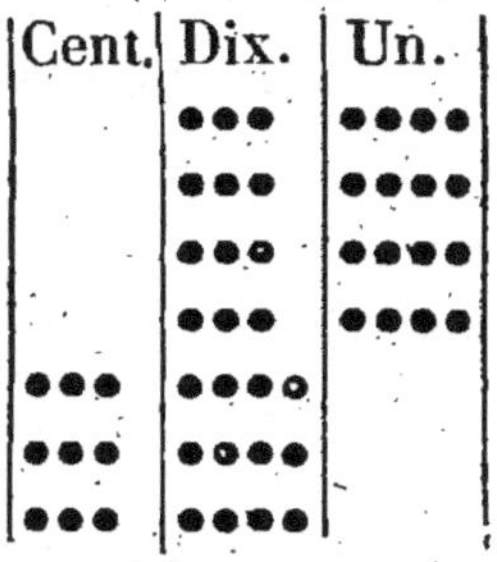

Cent.	Dix.	Un.
	●●●	●●●●
	●●●	●●●●
	●●○	●●●●
	●●●	●●●●
●●●	●●●○	
●●●	●○●●	
●●●	●●●●	

[On fait remarquer à l'élève les produits partiels.

La division se fait pas des moyens analogues.

Il faut long-temps retenir l'élève sur ces exercices, qui lui donnent des produits partiels, la seule
idée que cette méthode puisse en donner. C'est ce
qui, à mon avis, la rend inférieure à l'autre ; elle
parle beaucoup moins aux yeux, et est déjà trop
près des chiffres. A cela près, elle ne manque pas
d'avantages.

Comme dans cette manière on ne peut pas marquer le multiplicateur ni le diviseur sur les colonnes verticales , il faut que l'élève les garde dans sa mémoire ou les écrive. Les inconvéniens qui en résulteront pour lui conduiront à la leçon suivante.]

QUATRIÈME LEÇON.

Le M. Vous oubliez quelquefois vos multiplicateurs et vos diviseurs : il vaudrait mieux les marquer l'un sous l'autre ; cela n'empêcherait pas vos rangées. D'ailleurs ne remarquez-vous pas que vos rangées sont encore assez longues à faire ? Voyez si vous ne pourriez pas abréger encore.

Le D. Il n'y a plus moyen.

Le M. Je vois que vos jetons forment dans les cases comme de petits carrés de largeur et longueur différentes.

Le D. Ce sont les produits du nombre d'unités de chaque ordre par les unités d'un autre ; et cette multiplication se fait comme celle des nombres simples avec des haricots.

Le M. Et c'est bien celle-là qu'il faudrait abréger. Ne savez vous pas d'avance combien font sept fois huit ?

Le D. Cinquante-six. Il est vrai que je pourrais le marquer sans faire sept rangées de huit.

Le M. Multipliez sept cent trente-neuf par six cent huitante-cinq.

Le D.

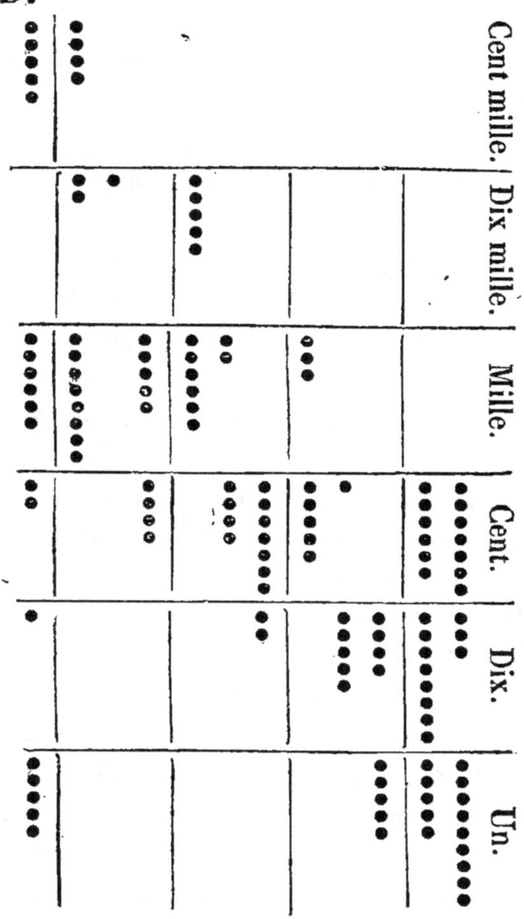

Cinq cent six mille deux cent quinze.

Le M. On peut encore abréger cela.

Le D. Comment ?

Le M. En réunissant à vue les produits d'une

6

unité par l'autre, qui entrent dans les produits partiels.

[Lorsque l'on en est là, on peut reprendre à la cinquième leçon de ce livre.

Il y a une autre abréviation qui se présentera peut-être à l'élève ; c'est d'additionner les produits partiels qui suivent le premier, à mesure qu'on les forme, et de faire, par conséquent, le produit total par une seule opération. Il faut l'éloigner de cette manière d'opérer, qui lui occasionerait des embarras lorsqu'il passerait à l'usage des chiffres. C'est à la façon des Orientaux, qui ne se servent de leurs boules enfilées que pour faire les opérations, et qui conservent toutes les données du problême à résoudre, ou au moins la plus grande partie, dans leur mémoire ou sur le papier.

Le cube ne pouvant point se former d'une manière sensible avec des jetons d'égale valeur, on sera forcé de passer cet article.

Les propriétés des nombres seront expliquées de la même manière dans les deux méthodes.

Celle dont nous nous occupons à présent a un avantage sur l'article important des décimales. On aura laissé dans la table rayée quelques cases vides, soit pour placer les tas de jetons, soit sous un autre prétexte. On aura marqué seulement les têtes des colonnes avec des plaques de plomb portant le nom de l'ordre de chacune d'elles.]

Le M. Comment ferez-vous pour rendre un nombre dix, cent fois plus grand?

Le D. Je marquerai le même nombre de jetons, mais à une colonne ou deux vers la gauche plus en arrière.

Le M. Si vous aviez beaucoup de nombres auxquels vous dussiez faire subir cette opération, il y aurait un moyen plus facile, ce serait de reculer d'une ou deux colonnes les plaques qui en portent le titre.

Le D. Et pour les rendre dix, cent, mille fois plus petits, il n'y aura qu'à les avancer.

Le M. Ainsi je suppose que vous veuillez rendre huitante-six mille quatre cent, dix fois plus petit.

Le D. Après avoir changé les titres, vous voyez que ce n'est plus que huit mille six cent quarante.

Le M. Rendez-les encore dix fois, puis encore dix fois plus plus petits.

Le D. C'est huit cent soixante-quatre, et puis huitante-six.

Le M. Et que sont ces quatre jetons ?

[Voilà les décimales trouvées. Les applications et tous les moyens de calcul sont les mêmes, si ce n'est que lorsque je dis qu'il faut en revenir à la méthode des cases, on se contente d'en revenir à celle des rangées.]

LIVRE TROISIÈME.

PREMIÈRE LEÇON.

Le Maître. Ne trouvez-vous aucun inconvénient à nos chiffres ?

Le Disciple. Cela va assez bien tant qu'ils ne passent pas quatre ou cinq ; mais lorsque l'on va au-delà, la vue ne peut plus les embrasser ; on peut se tromper, ou bien il faut les compter un à un, et cela retarde.

Le M. Aussi les Romains, qui s'en servaient, avaient-ils augmenté le nombre de leurs caractères. Ils avaient V pour cinq, L pour cinquante, D pour cinq cents ; et, de plus, pour ne jamais être obligés de marquer jusques à quatre caractères de la même espèce de suite, ils écrivaient quatre IV, neuf IX, quarante XL, nonante XC.

Le D. Cela voulait dire cinq moins un, cinquante moins dix : c'est une drôle de manière d'écrire les nombres par des soustractions.

Le M. C'était dans le génie de la langue des Romains. Ils disaient : *duo de viginti, deux ôtés de vingt,* pour dix-huit. Ils calculaient les jours de leurs mois par ceux qui devaient s'écouler jusqu'à l'autre, et le seize Avril s'appelait chez eux le *quatorze avant les calendes de Mai*.

Le D. Essayons de calculer à la romaine.

Le M. Je vous préviens qu'il faut renoncer aux multiplications figurées.

Le D. Il faut renoncer aussi à la preuve par neuf ; je m'en suis déjà aperçu.

Le M. Multipliez neuf cent quarante-sept par nonante-quatre.

Marquez au-dessus des mille des chiffres ordinaires, que vous ferez suivre de la lettre м.

Le D.

$$\begin{array}{r} \text{DCCCC XLVII} \\ \text{X C I V} \\ \hline \text{MMM DCC LXXXVIII} \\ \text{LXXX MMMMM CC XXX} \\ \hline \end{array}$$

(LXXXVII) м XVIII

C'est plus court pour écrire, mais ce n'est pas commode, parce qu'il faut toujours prendre les nombres entiers, et qu'il faut un effort à chaque fois pour savoir ce qu'ils signifient.

Le M. Vous vous y accoutumeriez avec le temps ; mais il est vrai que des signes qui ne sont pas en rapport avec la langue, ne peuvent jamais donner de grandes facilités, et le mélange de l'arithmétique soustractive à l'autre, n'est pas très-commode. Je crois que si nous voulons abréger encore, comme c'est possible, il nous faut chercher un autre moyen.

Le D. Pourquoi ne pas écrire les noms des nombres en toutes lettres ?

Le M. Vous avez vos abréviations de onze à dix-sept, qui vous gêneraient beaucoup ; ce serait bien pire si vous employiez les pléonasmes de soixante-dix, quatre-vingts et quatre-vingt-dix, dont les étrangers se moquent avec tant de raison.

[On peut cependant essayer cette manière : elle aurait l'avantage d'apprendre à l'élève à compter de tête, sans se figurer autre chose que le son des nombres. On peut aisément, à l'âge de douze à treize ans, calculer de mémoire jusques à des centaines de mille, même diviser des nombre de cet ordre-là.]

Le D. Nous pourrions mêler l'écriture avec les chiffres ; alors je reconnaîtrais bien tous les nombres ; il n'y aurait pas l'inconvénient de onze.... à seize, et on n'écrirait pas en toutes lettres les dix, cents, mille.

Le M. Essayons : multipliez neuf cent septante-sept par six cent cinquante-huit.

Le D.
```
                    neuf c sept x sept ı
                    six  c cinq x huit ı
                    ─────────────────────
              sept ṁ huit c   un x six ı
        quatre ẋ huit ṁ huit c cinq x
  cinq ċ   huit ẋ   six ṁ deux c
  ─────────────────────────────────────
  six ċ quatre ẋ deux ṁ huit c   six x six ı
```

Huit fois sept, cinq x six 1 ; j'écris six et je retiens cinq, etc.

Six cent quarante-deux mille huit cent soixante-
six.

Le M. Faites la preuve par neuf.

Le D. Il devrait y avoir au multiplicande neuf
c, sept x et sept 1 ; c'est vingt-trois chiffres ; excès,
cinq. Dix-neuf au multiplicateur ; excès, un. Au
produit, xxxii, cinq chiffres : c'est le compte.

[On fait encore faire quelques opérations comme
celle-là ; elles ne présentent aucune difficulté, et
enseignent à l'élève de manière qu'il ne pourra
jamais l'oublier, la vraie valeur des chiffres arabes ,
qui vont remplacer les mots. Les décimales ne
donnent pas plus de peine à écrire : on met en
toutes lettres le nombre, et on garde les signes
pour désigner l'ordre ; seulement on observe qu'il
peut en résulter un peu de confusion, parce que
les lettres sont de la même grandeur.]

Le M. Est-il bien nécessaire d'écrire les mots
tout entiers ?

Le D. Assurément non ; car chacun commence
par une lettre initiale différente, excepté six et
sept ; mais on pourrait trouver un signe pour l'un
des deux.

Le M. On a mieux fait, on a inventé des signes

exprès pour tous : c'est ce qu'on appelle les chiffres arabes, dont voici la forme :

1. 2. 3. 4. 5. 6. 7. 8. 9.

Il paraît que d'abord le 1 fut composé d'un seul trait vertical ; le 2, de deux traits horizontaux ; le 3, de trois liés du même côté ; le 4 fut désigné par une petite croix ; le 5 eut trois traits horizontaux liés par deux verticaux en sens contraire ; le 8 fut formé de deux petits carrés. Ensuite l'habitude, le caprice, les modes, ont altéré successivement les formes ; le 5 en particulier, en a deux qui ne se ressemblent pas beaucoup, c'est sans doute ce qui nous a fait perdre la trace de l'origine du 6, du 7 et du 9. Ecrivez comme cela, six cent trente-deux mille huit cent quarante-neuf, pour en soustraire cinq cent huit mille neuf cent trois.

[S'il se trompait, ce qui n'est pas probable, attendu l'habitude qu'il doit avoir d'ordonner, on le corrigerait.]

Le D.   6ċ 3ẋ 2ṁ 8c 4x 9 ı.
              5ċ   8ṁ 9c   3 ı.
             —————————————
             1ċ 2ẋ 3ṁ 9c 4x 6 ı.

Différence, cent vingt-trois mille neuf cent quarante-six.

Le M. Multipliez trois mille cinquante-sept par deux cent huitante-trois.

Le D. 3ṁ....

Le M. Il est bon d'indiquer les ordres, même lorsqu'il n'y a pas de chiffres.

Le D.

$$
\begin{array}{r}
3\dot{\mathrm{m}}\ \ \mathrm{c}\ 5\mathrm{x}\ 7\,\mathrm{i} \\
2\mathrm{c}\ 8\mathrm{x}\ 3\,\mathrm{i} \\
\hline
9\dot{\mathrm{m}}\ 1\mathrm{c}\ 7\mathrm{x}\ 1\,\mathrm{i} \\
2\dot{\mathrm{c}}\ 4\dot{\mathrm{x}}\ 4\dot{\mathrm{m}}\ 5\mathrm{c}\ 6\mathrm{x} \\
6\ \ 1\dot{\mathrm{x}}\ 1\dot{\mathrm{m}}\ 4\mathrm{c} \\
\hline
8\dot{\mathrm{c}}\ 6\dot{\mathrm{x}}\ 5\dot{\mathrm{m}}\ 1\mathrm{c}\ 3\mathrm{x}\ 1\,\mathrm{i}
\end{array}
$$

Je puis faire la preuve par neuf, non pas en comptant les chiffres romains, mais en additionnant les chiffres arabes.

Le M. Non ; faites-en la preuve par la division.

Le D.

$$
\begin{array}{r}
3\dot{\mathrm{m}}\ \ \mathrm{c}\ 5\mathrm{x}\ 7\,\mathrm{i} \\
2\mathrm{c}\ 8\mathrm{x}\ 3\,\mathrm{i} \\
8\dot{\mathrm{c}}\ 6\dot{\mathrm{x}}\ 5\dot{\mathrm{m}}\ 1\mathrm{c}\ 3\mathrm{x}\ 1\,\mathrm{i} \\
8\dot{\mathrm{c}}\ 4\dot{\mathrm{x}}\ 9\dot{\mathrm{m}} \\
\hline
1\dot{\mathrm{x}}\ 6\dot{\mathrm{m}}\ 1\mathrm{c}\ 3\mathrm{x}\ 1\,\mathrm{i} \\
1\dot{\mathrm{x}}\ 4\dot{\mathrm{m}}\ 1\mathrm{c}\ 5\mathrm{x} \\
\hline
1\dot{\mathrm{m}}\ 9\mathrm{c}\ 8\mathrm{x}\ 1\,\mathrm{i} \\
1\dot{\mathrm{m}}\ 9\mathrm{c}\ 8\mathrm{x}\ 1\,\mathrm{i}
\end{array}
$$

6*

[On fait faire les mêmes opérations avec des décimales. Il arrivera quelquefois que l'élève oubliera ses c et ses x ; on lui en fera faire la remarque, mais seulement lorsqu'il se sera aperçu de leur inutilité.]

Le D. Voilà encore une peine que je pourrais m'épargner, celle de ranger toutes ces grandes lettres l'une au dessous de l'autre.

Le M. Comment pourriez-vous faire ?

Le D. Je ferai douze à quinze raies sur une feuille de papier, et je mettrai en tête depuis 1 jusqu'à M d'un côté, et jusqu'à m de l'autre.

[Il n'y aura pas de temps moins inutilement employé, que celui que l'on consacrera à rayer le papier, ne fût-ce que pour donner l'habitude de l'arrangement et de la netteté dans les opérations; ce qui les rend plus sûres, et par conséquent les abrége.]

AUTRE PREMIÈRE LEÇON.

[C'est encore un des passages importans d'un algorithme à un autre. J'ai cru devoir multiplier les moyens de parvenir au dernier.]

Le M. Ne trouvez-vous aucun inconvénient dans notre manière actuelle de compter ?

Le D. Le papier tient moins de place que les

jetons ; mais il est difficile de bien faire toutes ces lettres : on ne les espace pas toujours comme il faut, et cela brouille les résultats.

Le M. Ne pourriez-vous pas trouver un moyen, sinon de vous passer des lettres, au moins de ne pas en écrire autant ?

Le D. Il faut bien cependant que je les écrive, puisque je n'ai que cela pour compte.

Le M. Mais vous pourriez les remplacer par un signe plus aisé à faire.

Le D. Et alors je mettrais ces signes, qui seraient des barres ou de gros points, au-dessous des lettres, en divisant le papier en colonnes.

Le M. Justement ; il faut préférer les points, parce qu'ils sont plus aisés à faire uniformes que des barres.

[L'élève auquel on aurait enseigné le livre second par le moyen de l'abaque ou table rayée, en serait ici lorsque, ayant eu besoin de faire un calcul loin de sa table, on lui aurait suggéré de la représenter sur du papier. J'ai déjà donné des exemples de multiplications dans l'Appendice du livre précédent ; je vais en joindre un de la division.]

Le M. Divisez cent mille par sept, à la précision du dix-millième.

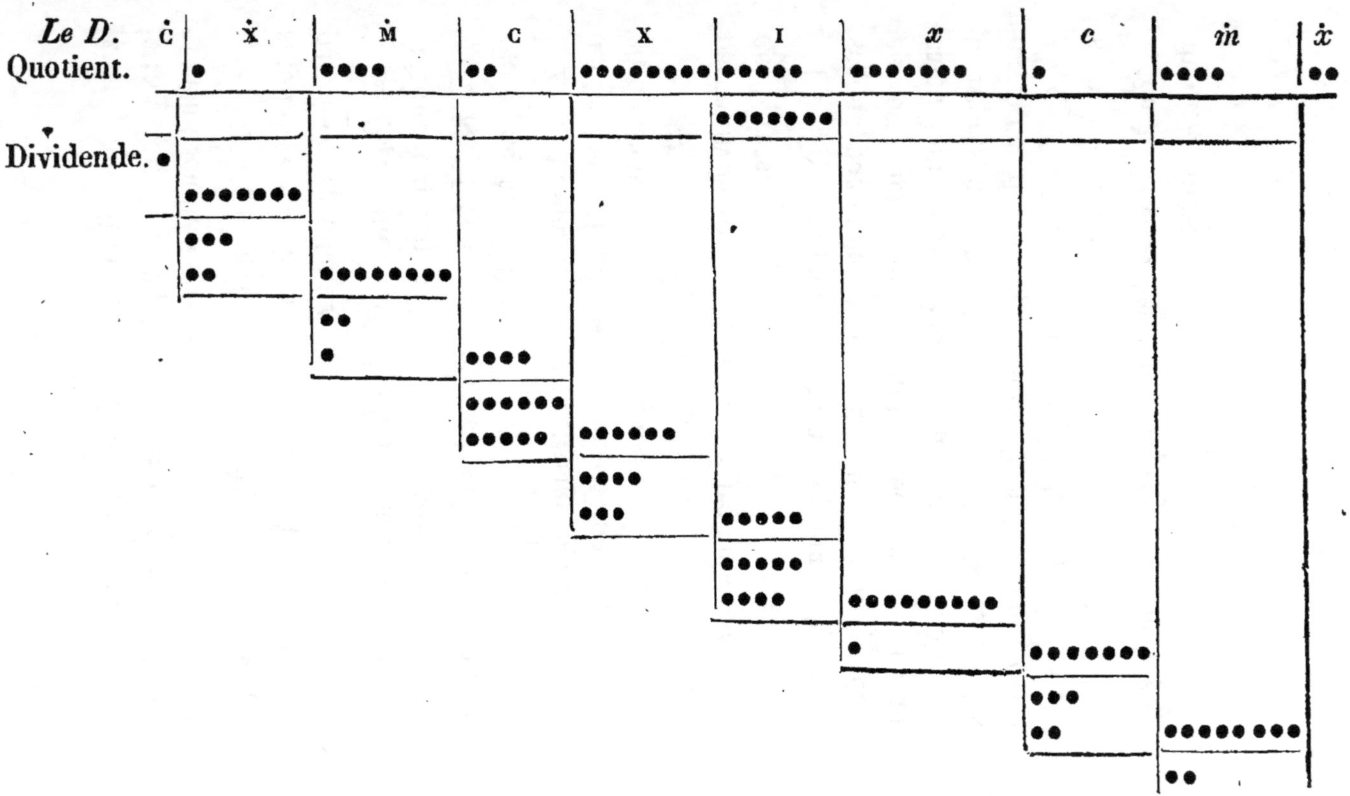

Le D. | ċ | ẋ | Ṁ | C | X | I | x | c | ṁ | ẋ

Quotient.

Dividende.

(133)

Le quotient est quatorze mille deux cent huitante-cinq, sept dixièmes, et ensuite il recommence.

Le M. Ceci n'est-il pas plus commode?

Le D. Sans doute; mais il y a encore l'inconvénient de la multiplicité de ces points, qui fait que
l'on est obligé de les compter. Il serait plus commode d'avoir des signes pour les marquer.

Le M. Combien en faudrait-il?

Le D. Neuf, depuis un jusqu'à neuf; d'ailleurs on
y gagnerait encore pour la place, parce que l'on
pourrait rapprocher les lignes davantage.

Le M. Ces neuf signes existent; c'est ce que
l'on appelle les chiffres arabes. Les voici : 1. 2. 3.
4. 5. 6. 7. 8. 9.

[Voyez, ci-dessus, ce que l'on peut prendre de
la leçon.

Avant de quitter, soit nos jetons marqués, soit
ceux de l'abaque, je dois indiquer un des avantages qui peuvent résulter de leur usage : c'est le per-
fectionnement de la faculté de voir plusieurs objets à la fois, et de se former, sans addition intel-
lectuelle, une idée nette de leur nombre. Il s'agit
ici de perfectionner la perception, et non pas le
sens de la vue, qui présente toujours à l'esprit plus
de choses qu'il ne peut en saisir.

Quelques personnes ont porté à un haut point
cette capacité d'embrasser plusieurs objets d'un coup

d'œil ; des témoins oculaires rapportent qu'un Espagnol comptait une poignée de pois qu'on jetait en l'air ou qu'on fesait rouler devant lui sur une table ; mais chez presque tous les individus, cette faculté est on ne peut pas plus bornée. En général, on ne peut pas voir plus de quatre objets à la fois, et, pour en avoir l'idée, il faut les compter ; cela ne doit que rendre plus admirable l'art avec lequel un être qui n'a pas la perception nette du nombre des doigts de sa main, est parvenu à calculer la distance d'Uranus au soleil.]

SECONDE LEÇON.

[Après avoir fait rayer le papier à l'élève, et lui avoir fait étiqueter les colonnes, il faudra multiplier les occasions de rendre les étiquettes inutiles. On aura préparé du papier pour une multiplication qui devait monter aux billions ; on y fera une division jusqu'au billionième. On fera des additions de peu de chiffres sur du papier rayé à quinze raies, et on voudra employer la rayure qui restera blanche. Quelquefois l'élève se trompera dans le placement de ses premiers chiffres, et enfin il en viendra à cette conclusion.]

Le D. Il est inutile que je marque les raies en tête.

Le M. Comment ferez-vous ?

(135)

Le D. J'aurai du papier rayé, je marquerai à chaque opération.

Le M. Extrayez la racine carrée de quarante-sept mille trois cent huit.

Le D.

$\dot{x}$	$\dot{\mathrm{M}}$	C	X	I	C	X	I	x
4	7	3.		8	2	1	7	7
4								
7	3			8	4	1		
4	1				4	2	7	
3	2			8	4	3	4	
2	9	8	9					
		3	1	9				

Vous pouvez placer la racine à côté, et les doubles produits au-dessous.

Il reste trois cent dix-neuf, qui pourraient donner, à vue d'œil, sept dixièmes à la racine.

Le M. Je crois que vous pouvez encore simplifier.

Le D. C'est bien difficile.

Le M. Toutes les fois que vous savez où est l'unité, vous savez que la colonne avant renferme des dix, celle antérieure des cent, et ainsi du reste.

Le D. Ainsi avec un signe pour marquer les unités, j'en aurais assez ; mais il y a une difficulté, c'est que lorsqu'il y a des colonnes vides je ne pourrai pas le savoir, et je prendrai quatre mille huit, pour quatre cent huit', ou même pour quarante-huit.

Le M. Comment pourrait-on faire pour éviter ce second inconvénient?

Le D. Il faudrait trouver une marque pour indiquer qu'une colonne doit rester vide.

Le M. Cette marque est trouvée : c'était d'abord un point ; on l'a arrondi en cette forme, et il s'appelle zéro. Les Espagnols, voisins des Arabes, qui l'ont inventé, le font beaucoup plus petit que leurs autres chiffres, comme pour indiquer qu'il est d'une nature différente.

Vous voilà donc à présent en possession de dix caractères, avec lesquels vous pouvez exprimer tous les nombres possibles.

Le D. Il me manque encore celui pour exprimer l'unité.

Le M. Lorsque cette unité est une chose à désigner, comme des livres, des francs, des mètres, des hommes, on l'écrit après, ou on la désigne par l'initiale ; sans cela, ce sera toujours le dernier chiffre qui sera censé être l'unité ; et si un nombre finit par dix, par cent, on mettra un ou deux zéros après le dernier des significatifs.

Le D. C'est fort bien ; mais quand il y aura des décimales?

Le M. Nous les séparerons par un point-virgule ; le point tout seul nous servira pour autre chose un jour. — Ecrivez un million trente mille vingt et douze millièmes.

Le D. 1030020;012

Le M. Multipliez ce nombre pas dix.

Le D. 10300200;12

Le M. Divisez-le à présent par mille.

Le D. · 10300;20012

Tout cela se fait par le changement du point-virgule.

Le M. Ecrivez vingt-cinq centièmes.

Le D. 0;25

Le M. Divisez-le par dix.

Le D. 0;025

Le M. Ecrivez quatorze.

Le D. 14

Le M. Rendez-le cent fois plus grand.

Le D. 1400

Le M. Indiquez la méthode générale pour diviser par dix, par cent, par mille.

Le D. Si le nombre a des entiers et des décimales, on porte le point-virgule d'un rang vers la droite pour le diminuer de dix, d'un rang vers la gauche pour l'augmenter.

Si le nombre est un entier, on ajoute des zéros à sa droite pour l'augmenter, et on le sépare des décimales pour le diminuer.

Si le nombre ne contient que des décimales, on ajoute des zéros à la gauche après le point-virgule pour le diminuer, et l'on fait passer des décimales aux entiers pour l'augmenter.

(138)

Le M. Si l'on ajoute des zéros avant le premier chiffre à gauche d'un entier ; qu'arrive-t-il ?

Le D. On ne changera pas sa valeur.

Le M. C'est sans doute pour cela que les Espagnols, pour l'élégance de l'écriture, complètent en zéros tous les chiffres d'une addition qui n'arrivent pas au troisième ; ils ont même un signe particulier, celui du mille, qui quelquefois remplace les trois zéros, quelquefois se met devant eux.

Et si vous ajoutez des zéros à la droite des décimales ?

Le D. Cela n'y changera rien, en ajoutassiez-vous cent.

Le M. Vos chiffres arabes ne sont ni multiples les uns des autres, ni égaux entre eux, comme les chiffres romains.

Le D. Non; ils sont tous de diverse valeur.

Le M. Dans 48, lequel vaut le plus ?

Le D. Le premier chiffre vaut quatre unités, multipliant la première puissance de dix, et le second huit unités, multipliant l'unité elle-même.

Le M. On distingue deux valeurs dans ces nombres : l'une, la valeur absolue, qui est le nombre d'unités qu'ils représentent ; l'autre, la valeur relative, dépend du nombre de colonnes qu'il y a entre la leur et celle où se trouve l'unité.

Le D. C'était cette dernière valeur que j'exprimais en tête des colonnes.

Le M. Quoique vous ayez supprimé cette expression, faites toujours comme si elle y était; n'oubliez
jamais de vous figurer la série xмcxι au-dessus de
tous les nombres sur lesquels vous opérez.

TROISIÈME LEÇON.

Le M. Ecrivez un, et puis au-dessous, dix et ses
puissances.

Le D.
$$1$$
$$10$$
$$100$$
$$1000$$
$$10000$$
$$100000$$
$$1000000$$

Le M. Récrivez la même série en sens inverse, en
commençant par un billion, je suppose, et arrivez
vis-à-vis le numéro de la puissance de dix.

Le D.

100000000000....	11
10000000000....	10
1000000000....	9
100000000....	8
10000000....	7
1000000....	6
100000....	5
10000....	4
1000....	3
100....	2
10....	1
1	

Il y a toujours autant de zéros qu'il y a d'unités à la puissance.

Le M. Tous vos nombres diminuent de dix à chaque rang.

Le D. Oui.

Le M. Continuez cette série.

Le D.

$$0;1$$
$$0;01$$
$$0;001$$
$$0;0001$$
$$0;00001$$
$$0;000001$$

Elle est absolument l'inverse de l'autre, si ce n'est que pour avoir autant de zéros que la puissance dont elles portent le nom, il s'en faut d'un. Ainsi un millième n'a que deux zéros, et mille en a trois ; et elles seraient tout-à-fait pareilles en sens contraire, si la colonne des unités était séparée aussi des dixaines par un point-virgule.

L'unité n'est-elle pas une puissance de dix ?

Le M. Voyez, d'après l'ordre, quel numéro lui conviendrait.

Le D. Ils vont toujours en diminuant ; ce serait la puissance zéro, ou rien. Mais cela ne peut pas être ainsi, parce que l'unité est quelque chose.

Le M. Voyez si, d'après la définition des puissances, dix à la puissance zéro ne serait pas l'unité.

Le D. C'est l'unité multipliée aucune fois par dix:
c'est clair. Ainsi tous les nombres de cette série
sont des puissances de dix, ou l'unité divisée par
ces puissances. A présent tout nombre est un composé de différentes puissances de dix multipliées
par des unités, qui sont exprimées par des chiffres
arabes. Les chiffres romains qui expriment les
puissances, sont sous-entendus.

Le M. Le nombre qui fournit toutes les puissances employées dans les calculs, se nomme la base
du système de numération. Dix est la base du nôtre.

Le D. Est-ce qu'il y en aurait encore d'autres ?

Le M. On n'en connaît que quelques vestiges,
dans différentes langues, comme ce que je vous ai dit
de ceux qui n'ont de nombres que jusqu'à cinq, et
des Basques, qui comptent jusqu'à vingt. Nous-
autres même, avec notre arithmétique décimale,
nous retrouvons partout la duodécimale. Ses deux
premières puissances, douzaine et grosse, sont des
mots consacrés dans notre langue. La division du
jour et de toutes ses parties, celle de l'as chez les
Romains, celle de la toise et de ses sous-divisions,
sont de légers fragmens de cette arithmétique, au
milieu d'un système différent consacré par la
langue.

Le D. On aurait bien fait de prendre l'arithmétique duodécimale ; on aurait pu diviser la base par
quatre et par trois ; et il faut bien qu'elle soit avan-

tageuse, puisque, malgré la rivalité de l'autre, elle se soutient.

Le M. On ne sait les règles des sciences que lorsqu'elles existent déjà ; il y avait probablement bien des siècles que les hommes comptaient par leurs doigts avant qu'ils eussent pensé à faire des douzaines. D'ailleurs, il est impossible de changer nos langues, et il serait peut-être assez embarrassant d'augmenter le nombre des caractères.

Il y a un autre système bien autrement simple ; c'est l'arithmétique binaire.

Le D. Où deux est la base du système ?

Le M. Oui.

Le D. Il ne faut pas beaucoup de caractères : avec un 1 et un 0, en voilà autant qu'il en faut pour tous les nombres.

Le M. En revanche, les nombres seront composés de beaucoup de caractères, et seront longs à prononcer quand on aura fait une langue pour les exprimer.

Le D. Oh ! la langue est toute faite : un, puissance, zéro, deux, quatre, huit, seize. Voulez-vous que j'écrive tous les nombres jusques à 16 ?

Décimale.	Binaire.
1 Un.	1 Un.
2 Deux.	10 Deux.
3 Trois.	11 Deux-un,
4 Quatre.	100 Quatre.

Décimale.		Binaire.
5 Cinq.	101	Quatre-un.
6 Six.	110	Quatre-deux.
7 Sept.	111	Quatre-deux-un.
8 Huit.	1000	Huit.
9 Neuf.	1001	Huit-un.
10 Dix.	1010	Huit-deux.
11 Onze.	1011	Huit-deux-un.
12 Douze.	1100	Huit-quatre.
13 Treize.	1101	Huit-quatre-un.
14 Quatorze.	1110	Huit-quatre-deux.
15 Quinze.	1111	Huit-quatre-trois.
16 Seize.	10000	Seize.

Eh bien ! on pourrait encore plus aisément compter comme cela qu'avec des haricots, d'autant plus qu'à mesure que l'on avance on a plus de nombres avec la même quantité de caractères.

[Ceux qui croiront cette leçon trop abstraite pour leurs élèves, pourront la passer, sans grand inconvénient ; je crois cependant de la plus haute importance de bien lier dans la tête de l'enfant l'idée d'ordre de chiffres avec celui de puissance ; c'est le vrai fondement de la numération.]

QUATRIÈME LEÇON.

Le M. Revenons à notre arithmétique décimale : on peut exprimer, comme je vous l'ai dit, tous les nombres. Nous n'avions guère passé les millions avec les lettres ; à présent nous n'avons plus dé bornes ; il ne nous est pas plus difficile d'exprimer une quantité que toute autre.

Les noms qui continuent à être de millier en millier, suivant notre seconde base arithmétique, sont billion ou milliard, trillion, quatrillion, quintillion.

Il faut savoir tous ces noms ; mais on ne s'en sert guère. Les millions s'emploient pour exprimer la population des états et leurs revenus ; les milliards, pour le calcul de leurs dettes. On ne prononce pas trois fois peut-être, dans le cours ordinaire de la vie, un quatrillion.

On refait des unités inférieures plus considérables, et pour nommer de grandes fractions décimales, telle que celle de la circonférence du cercle, qui a 157 décimales, on les nomme l'une après l'autre, trois, un, quatre, un, cinq, neuf.

Quoi qu'il en soit, il faut que vous sachiez comment on prononcerait, par exemple, ce nombre-ci, dont d'ailleurs ni vous ni personne ne peut se faire une idée.

123 456 789 012 345 678 901 234 567 890

Le D. Cent vingt-trois octillions, quatre cent cinquante-six septillions, sept cent huitante-neuf sextillions, douze quintillions, trois cent quarante-cinq quatrillions, six cent septante-huit trillions, neuf cent un billions, deux cent trente-quatre millions, cinq cent soixante-sept mille, huit cent nonante.

Le M. Je vous ai déjà dit que les Espagnols marquèrent les mille dans leurs comptes par un caractère exprès. Il est d'usage chez nous, tantôt de marquer les chiffres de trois en trois par un petit point, tantôt de les séparer par un léger intervalle. Je crois ce dernier moyen plus convenable, et c'est une très-bonne habitude à prendre. Elle facilite la numération, parce qu'elle remplace les points que nous mettions sur nos lettres pour désigner les différentes puissances de mille, et elle facilite la netteté des opérations.

[Je mets beaucoup d'importance à l'art de chiffrer; il ne suppose pas la connaissance de l'arithmétique, mais il en est la plus utile et la plus fréquente application. Je pense que l'on doit exercer beaucoup les élèves sur la pratique des opérations, sans cependant perdre de vue la théorie, qui aide beaucoup à la première.

L'addition est l'opération qui se présente le plus fréquemment. Il faut précisément, parce que c'est la plus facile, que l'élève la fasse avec vitesse et exactitude. Je n'en donnerai point de modèles. Mais si l'on veut s'éviter la peine de chercher des nombres, on trouve dans les comptes du trésor public de très-beaux modèles, imprimés avec la plus grande correction.

Trois choses surtout offrent de la difficulté dans l'addition : la longueur des colonnes à additionner, la grandeur des nombres, enfin celle des chiffres.

Lorsque l'on fait l'addition de longues colonnes, chose à laquelle il faut que les jeunes gens s'accoutument, parce que c'est une difficulté qui se présente fréquemment, il est bon de reprendre la manière des additions partielles de chaque colonne : c'est d'autant plus convenable, que l'erreur se trouve ordinairement dans les sommes retenues.

Il serait trop long de vérifier par la soustraction les longues additions ; la preuve par neuf est plus pénible que l'addition elle-même.

Lorsque l'on a fait les sommes partielles de chaque colonne, comme l'erreur n'est guère que d'une unité, on peut vérifier facilement par pair et impair. On compte impair sur le premier nombre de cette classe que l'on trouve ; on nomme pair sur le second, et ainsi de suite, en laissant sous les zéros les nombres pairs. Le dernier chiffre que l'on compte doit se trouver de l'espèce de la somme. Il est inutile de démontrer sur quoi est fondé ce moyen.

On vérifie aussi en partageant la colonne en plusieurs parties égales, que l'on additionne séparément. Les sommes partielles doivent égaler le total général.

Comme l'on fait ordinairement ces vérifications et les premières additions sur des morceaux de papier détachés, il faut accoutumer l'élève à ne faire que mentalement les coupures de ses colonnes pour les additions partielles, sans y faire de marques visibles.

La plus grande difficulté qu'offrent les nombres de beaucoup de chiffres, est le trop grand nombre de colonnes, et quelquefois leur confusion. Le meilleur moyen à employer pour la lever, est de bien ordonner ses chiffres, et l'on doit insister avec rigueur sur ce point; mais cela ne doit point empêcher d'accoutumer l'élève à suivre même les colonnes un peu dérangées. L'habitude qu'il aura de considérer toujours à chaque colonne s'il a des cents, des mille, des dix-mille, contribuera à le préserver de l'erreur.

On peut marquer les colonnes à mesure qu'on les additionne. Il est à désirer que l'on puisse se passer de ce secours, qui indique du tâtonnement.

Les chiffres élevés sont les plus difficiles à additionner; le 9 offre quelque avantage, parce qu'il diminue d'une unité du dernier ordre le nombre auquel on l'ajoute. Mais il arrive souvent que les 8, les 7 et même les 6, arrêtent plus long-temps que les nombres inférieurs. En avoir averti, c'est avoir indiqué la convenance de multiplier ces nombres, sans trop d'affectation cependant, dans les exemples que l'on donnera à additionner.

L'élève doit savoir placer la somme indifféremment au haut ou au bas de la colonne, ou la tirer
hors ligne. Il doit savoir ajouter avec autant de facilité les nombres écrits l'un à la suite de l'autre, sur
la même ligne que ceux qui sont disposés en colonnes verticales.

On doit lui faire faire beaucoup d'additions en tableaux, où tous les nombres étant ajoutés dans les
deux sens, forment dans les colonnes et au bout des
lignes des sommes partielles, dont les totaux généraux prouvent, par leur identité, la bonté de l'opération.

On doit l'accoutumer à réunir dans les colonnes
les nombres qui se touchent, et qui réunis font dix
ou vingt, pour les ajouter à la fois. Il doit aussi
savoir ajouter d'une fois les onze et les douze qu'il
rencontre en deux nombres consécutifs. Il est rare
que sur six nombres, des réunions pareilles ne se
présentent pas au moins une fois.

Il doit lui être indifférent de commencer par les
premières ou les dernières rangées. On doit l'exercer, dans le premier cas, à retenir les chiffres de la
somme entière, pour l'écrire tout à la fois. On peut
lui faire faire la remarque que dans une colonne
un peu longue de nombres pris au hasard, les
colonnes des ordres inférieurs donnent toujours à
peu près à retenir la moitié autant d'unités qu'il y a
de nombres à additionner. Cette observation peut

être utile lorsqu'on ne peut examiner des comptes que très-rapidement.

Voilà bien des choses pour une addition; mais il faut savoir la bien faire, et la faire vite. Et la réunion de ces deux choses n'est pas si facile à acquérir, que l'on puisse y parvenir sans beaucoup de soin, d'attention et d'habitude.]

CINQUIÈME LEÇON.

[La soustraction ne doit offrir à notre élève aucune difficulté considérable. L'habitude d'emprunter ou d'échanger les unités des ordres supérieurs, lui doit déjà être familière. On lui fera toujours vérifier, au moins de tête, ses opérations par l'addition de la différence au soustracteur].

Le M. Soustrayez de 78 345, les nombres suivans : 9 725, 3 453 et 16 128.

Le D. La somme de ces nombres est

$$
\begin{array}{r}
29\ 306 \text{ que je soustrais de} \\
78\ 345 \\
\hline
49\ 039
\end{array}
$$

Le M. C'est fort juste; mais je voulais que vous fissiez quelque chose de plus difficile que cela, et que vous achevassiez l'opération sans intermédiaire.

Le D. Je vais essayer de faire les trois soustractions à la fois.

Soustrayande.	78 345
Soustracteur.	9 725
	8 500
Soustracteur.	3 453
	5 157
Soustracteur.	16 128
Différence.	49 039

J'écris le premier nombre sous le soustrayande, et les autres au-dessous, en laissant de la place pour écrire les chiffres qui me viendront.

5 moins rien; j'écris 0. 0 moins 3; je change une dixaine. 10 moins 3, 7. 7 moins 8; je change une autre dixaine. 17 moins 8, 9, que j'écris.

J'ai échangé deux dixaines de 4. 2 moins 2, rien. 0 moins 5, je change une centaine. 10 moins 5, 5. 5 moins 2, 3, que j'écris, etc.

Le M. Il y a encore un autre moyen. Rangez vos trois soustracteurs au-dessus ou au-dessous du soustrayande, en laissant un intervalle pour placer la différence.

Le D.	
	9 725
	3 453
	16 128
	49 039
	78 345

Le M. Aditionnez les unités. 5 plus 3, 8; plus 8, 16. Combien faut-il pour aller non pas à 5, dernier nombre du soustrayande, mais à 25, qui est plus grand que 16 ?

Le D. 9; je vais l'écrire. Je vois que je dois retenir 2. 2 plus 2, 4; plus 5, 9; plus 2, 11: pour aller à 14 il faut un 3, et je retiens 1, etc.

Le M. L'addition est plus facile que la soustraction.

Le D. Oui.

Le M. On peut changer la seconde de ces opérations en la première. — Retranchez 789 574 de 1 632 163.

Le D.
$$1\ 632\ 163$$
$$789\ 574$$
$$\overline{842\ 589}$$

Le M. Au soustrayande ajoutez 210 426.

Le D.
$$1\ 632\ 163$$
$$210\ 426$$
$$\overline{1\ 842\ 589}$$

Le M. Remarquez-vous quelque rapport entre cette somme et la différence de votre première opération ?

Le D. C'est la même chose, sauf une unité du septième ordre.

Le M. Comme on sait qu'elle y est de trop, on

la retranche. Savez-vous ce que vous venez de faire? Vous avez ajouté au soustrayande 1 000 000, moins le soustracteur : or, la somme doit être égale au soustrayande, plus 1 000 000, moins le soustracteur, c'est-à-dire à 1 000 000, plus la différence.

Le D. Comment fait-on pour prendre cette différence aussi vite ?

Le M. Retranchez à l'ordinaire le soustracteur de 1 000 000.

Le D.

$$
\begin{array}{r}
1\ 000\ 000 \\
789\ 574 \\
\hline
210\ 426
\end{array}
$$

Le M. C'est comme si vous aviez soustrait le dernier chiffre de dix et tous les autres de neuf.

Le D. C'est toujours comme cela quand on retranche un nombre de l'unité suivie de plusieurs zéros.

Le M. Mais cela peut se faire sans écrire. Je n'ai pas besoin de commencer par les unités, et à mesure que je vois les chiffres du nombre, je puis dicter ceux de son complément, c'est-à-dire, de sa différence à l'unité suivie de plusieurs zéros. Je n'ai qu'à mettre un 2 sous le 7, un 1 sous le 8. Comptons toujours 9, et ainsi de tous les autres, sauf le dernier, que je compléterai à 10.

Le complément arithmétique est utile lorsqu'il

(153)

faut faire des additions et des soustractions de nombres considérables, et ordinairement ayant la même quantité de chiffres. — Ajoutez 477 219, 312 459, 316 227, et retranchez de la somme 443 296 et 656 228.

Le D.
477 219
312 459
316 227
c. a. 556 714
343 772
―――――
2 006 391

Le M. Comme vous avez ajouté deux complémens, c'est deux unités de l'ordre supérieur à retrancher.

Le D. De sorte que le reste est 6 391.

Le M. Soustrayez de 54;21, 28;64952.

Le D.
54;21
28;64952
―――――
25;56048

Le M. On met quelquefois des zéros à la suite des décimales, pour fixer la vue. Mais comme on peut s'en passer, il vaut mieux ne pas perdre son temps à écrire des zéros, qui ne signifient rien.

―――――

SIXIÈME LEÇON.

[Les travaux sur la multiplication doivent être

7*

fréquens et variés. L'élève n'y trouvera rien qui l'embarrasse, mais il est bon qu'il en acquière l'habitude.

Il est essentiel qu'on ne lui laisse point prendre de routine pour la position des chiffres ; lorsqu'il les mettra l'un sous l'autre, il est bon qu'il les ordonne en mettant les unités de même ordre dans la même colonne ; mais hors cette attention, il faut qu'il sache placer le multiplicateur au-dessus comme au-dessous du multiplicande, et sur la même ligne à droite comme à gauche. Il faut qu'il place indifféremment le produit au-dessus ou au-dessous des facteurs, qu'il le tire hors ligne, qu'il le fasse sur un morceau de papier séparé, sans recopier les données ; enfin, qu'il n'ait point de routine à cet égard. Il est misérable de voir de bons calculateurs d'ailleurs, ne pouvoir obtenir un résultat s'ils n'ont auparavant rangé leur multiplicateur et leur multiplicande d'une certaine manière.

La plus grande partie des erreurs de la multiplication vient de la fausse addition des produits ; en les ordonnant bien on pare à cet inconvénient. Si l'on s'apercevait qu'une des colonnes de la table de Pythagore fût moins familière que l'autre à l'élève, on multiplierait ce nombre dans les opérations qu'on lui donnerait à faire.

Lorsque le multiplicateur est fort, ou que le même multiplicande doit servir dans plusieurs opérations, il est sûr et expéditif de se faire un livret comme je l'indiquerai plus bas.

En commençant toujours les produits partiels par le dernier chiffre du multiplicande, il doit être indifférent à l'élève de les commencer par le premier ou par le dernier chiffre du multiplicateur. La première manière doit lui être aussi familière que la seconde ; c'est celle que l'on doit même employer ordinairement dans les calculs de tête, auxquels il doit être constamment exercé, parce qu'il est bon de fixer tout de suite l'imagination sur de grosses quantités qui font une première approximation, qui devient, à chaque nombre que l'on ajoute, plus voisine de la vérité. La preuve de la multiplication se fera par la division, ou la multiplication dans l'ordre inverse].

Le M. Multipliez 20 340 par 7 354.

Le D. Je vais prendre le premier nombre pour multiplicateur.

Le M. Pourquoi ?

Le D. Parce que je n'aurai que trois produits partiels à faire et à additionner.

Le M. Soit, faites-le ainsi ; mais, en général, quoique l'on ne puisse guère commettre d'erreur sur la nature du produit, il faut ordinairement garder l'ordre indiqué par la question qui est proposée.

Le D.

$$7\ 534$$
$$20\ 340$$
$$301\ 360$$
$$2\ 260\ 200$$
$$150\ 680\ 000$$
$$153\ 241\ 560$$

4 fois 4, 16 x; j'écris 60 et je retiens 1 c.
4 fois 3, 12 c, et 1, 13; j'écris 3 et je retiens 1 м. 4
fois 5, 20 м, et 1, 21 ; j'écris 1, et je retiens 2 x.
4 fois 7, 28 x, et 2, 30, que j'écris. 3 fois 4,
12 c; j'écris 200, etc. 2 fois 4, 8 x; je les écris,,
etc.

Preuve par 9.

Somme du multiplicateur, 16; excès, 5
Multiplicande ,   9; excès, 0

Produit ,   27; excès, 0

[Il ne faut jamais laisser l'élève perdre l'habitude de considérer l'ordre des chiffres sur lesquels il opère].

Le M. La ration du pain du soldat , y compris le
pain de soupe, est de 0 kil. 8125 grammes : combien en consommera une armée de 70 000 hommes,
plus un sixième pour les rations des officiers et
autres à la suite de l'armée , pendant un an ?

Quel sera le prix total de la fourniture , à 0 fr.
29625 le kil. ? On ne veut pas plus de précision
dans le résultat , que des centimes.

Le D. Il faut d'abord que je sache au juste le nombre des rations.

Le M. Faites cette petite division à vue.

Le D.   70 000

          11 666, et il me restera 0,666, et des 6 continuellement.

Le M. Comme il n'y a point de fraction de ration, négligez les décimales ; mais pour que l'erreur soit moindre, augmentez la dernière d'une unité.

Le D. 71 667; comme cela l'erreur n'est que de 0,3333.

$$\begin{array}{r}
71\ 667 \\
0;8125 \\
\hline
35;8335 \\
143;334 \\
716;67 \\
57\ 333;6 \\
\hline
58\ 229;4375 \\
365 \\
\hline
291\ 147;1875 \\
3\ 493\ 766;250 \\
17\ 468\ 831;25 \\
\hline
21\ 253\ 744;6875 \\
0;29625 \\
\hline
1\ 062;69 \\
4\ 250;75 \\
127\ 522;46 \\
1\ 912\ 816;02 \\
14\ 250\ 748;94 \\
\hline
6\ 396\ 490;86
\end{array}$$

[On ne doit jamais faire mettre de zéros pour compléter les produits partiels des décimales, par la même raison qu'on doit toujours en mettre aux produits partiels dés nombres des ordres supérieurs.]

Le D. C'est la consommation d'un jour. Je vais multiplier par 365 pour avoir celle de l'année.

Je multiplie celle-ci par la fraction 0;19625.

Le M. Combien aurez-vous de décimales?

Le D. Les cent millièmes multipliés par les dix millièmes, me donneront des billionièmes, ou 9 décimales.

Le M. Vous ne devez en avoir que 2.

Le D. J'en retrancherai 7, en augmentant, s'il le faut, la dernière.

Le M. Vous pouvez vous éviter cette peine. — Quel est l'ordre de chiffre qui, multiplié par les millièmes, vous donnera des centièmes?

Le D. Les mille.

Le M. Commencez par celui-là, ou si vous voulez par les cent, en négligeant le dernier chiffre et ne vous souvenant que des dixaines que vous aurez à retenir.

Le D. 5 fois 7, 35 millièmes; je retiens 4, parce que je néglige 5. 5 fois 3, 15 et 419 centimes; j'écris 9 et je retiens 1, etc.

Le 2 qui vient après est 2 dix-millièmes. C'est

en multipliant les c qu'il donnera des centièmes au quotient. Je commence par les dixièmes.

2 fois 4 , 8 ; je retiens 1, parce que je néglige 8. 2 fois 7, 14 centièmes , et 1 font 15 ; j'écris 5 et retiens 1, etc. Pour les 6, je commence aux unités pour négliger aussi le premier produit. 6 fois 4, 24 millièmes ; je néglige 4 et je retiens 2. 6 fois 4, 24 centièmes, et 2 font 26 ; j'écris 6 et je retiens 2, etc. Pour les 9, ce sont des centièmes multipliant des unités ; il n'y a point de difficulté ; mais je commence aux dixièmes et même aux centièmes, sauf à négliger. 9 fois 8 , 72 ; je retiens 7. 9 fois 6 , 54, et 7 font 61 ; je retiens 6. 9 fois 4 , 36 , et 6 font 42 centièmes ; j'écris 2 , etc. 2 fois 7, 14 ; je retiens 1. 2 fois 8, 16, et un 17 ; je retiens 2. 2 fois 6, 12, et 2, 14, etc.

Produit total , 6 396 400;86.

[Il est utile de vérifier les produits partiels avant de les additionner. Une des meilleures manières , c'est d'en additionner deux lorsque leurs chiffres multiplians ajoutés l'un à l'autre font un des autres chiffres du multiplicateur, comme si l'on multipliait par 235. Les deux derniers produits partiels additionnés chiffre à chiffre, doivent donner le premier.

Si l'on a un produit par 4, 6 ou 8, et un autre par 2, on les retrouve par la division par 2. Le produit par 3 sera le tiers de celui par 9 ; par ce moyen on

en vérifie deux à la fois. Le produit par 3 doit représenter les mêmes chiffres que la moitié du multiplicande.

Le M. Multipliez 0;142857, par 9;099999, jusqu'à la sixième décimale. Vous opérez plus com-
modément en commençant par les ordres les plus
élevés du multiplicateur.

Le D. 9 fois 7 millionièmes, 63 millionièmes.

$$
\begin{array}{r}
0;142857 \\
9;099999 \\
\hline
1;285713 \\
12857 \\
1286 \\
129 \\
13 \\
1 \\
\hline
1;299999
\end{array}
$$

Le quotient est 1 et 3 dixièmes.

Le M. Vous auriez eu le même résultat en divisant 91 par 7, parce que la fraction qu'indique
0;142857, est le quotient de 1 divisé par 7,
comme vous l'avez vu.

Le D. On peut donc changer la multiplication
en division ?

Le M. Vous l'avez déjà vu dans les décimales.
Ici ce ne serait pas un moyen d'abréger, mais il

serait plus aisé, par exemple, de multiplier par 0;010101, que de diviser par 99. — Trois particuliers paient, l'un 1426 fr. 50, l'autre 903 fr. 25, le troisième 758 fr. 17 de contributions. On a imposé une cotisation extraordinaire de 17 fr. 285 par 100 francs : combien doit payer chacun ?

Le D. Il faut multiplier la contribution de chacun par le centième de 17 fr. 385, c'est-à-dire, par 0;17385.

Le M. Au lieu de faire l'opération dans cet ordre, qui est le plus naturel, prenez 17385 pour multiplicande, et comme vous aurez à faire beaucoup de produits partiels, faites-vous un petit livret des multiples de ce nombre, depuis 1 jusques à 9.

Le D.		
1		17385
2		34770
3		52155
4		69540
5		86925
6	1;	04339
7	1;	21695
8	1;	39180
9	1;	55463
10	1;	73850

Le M. Vous faites 3 par l'addition de 1 et 2; 4 et 6, par le doublement de 2 et de 3; 5, par l'addition des deux mêmes; 7, par l'addition de 3 et 4;

8, par le doublement de ce dernier; 9, par l'addition de 5 et de 4; et vous vérifiez tout par l'addition du premier nombre au produit par 9, qui doit vous rendre les mêmes chiffres plus élevés d'un ordre.

A présent je n'ai plus qu'à ordonner les chiffres et faire les additions.

1000	173;85
400	69;54
20	3;477
6	1;043
0.5	0;086
	247;99
900	156;465
3	0;521
0.2	0;035
0.05	0;009
	157;03
700	121;695
50	8;693
8	1;392
0.1	0;017
0.07	0;012
	131;80

Lé M. Vous pouvez vous dispenser d'aller au-delà des millièmes , et vous les supprimerez dans l'addition.

Pour la preuve, vous additionnerez les trois con-tributions , vous les multiplierez par le même nom-bre, et vous verrez si le produit est égal à la somme de ceux que vous aurez trouvés.

Le D. J'additionne les trois nombres, qui font 3087 fr. 92.

3000	521;55	247;99
80	13;918	157;03
7	1;217	131;80
0;9	0;156	536;82
0;02	0;003	
536;83		

La somme est d'accord , à un centime près. — Est-ce une division ou une multiplication que je viens de faire ?

Le M. Vous avez résolu le problème qui vous a été proposé ; vous avez employé les formes con-sacrées à la multiplication. Les deux opérations ar-rivent au même but, suivant que les diviseurs et les multiplicateurs sont au-dessus ou au-dessous de l'unité.

Vous savez que le nombre des décimales d'un produit est égal à celui des décimales des deux fac-teurs. On peut supprimer le point-virgule dans les facteurs, multiplier comme des nombres entiers, et séparer les décimales du produit. La manière que je vous ai indiquée est meilleure.

Vous devez vous souvenir de ne point négliger les décimales dans les élémens du calcul. Vous ne devez vous borner au nombre fixé que dans les opérations qui donnent immédiatement la solution.

SEPTIÈME LECON.

[L'un des exercices les plus convenables pour la division, est celui de l'unité par les nombres premiers. On fera bien de faire faire à l'élève un petit registre des principales fractions périodiques; on lui fera voir que le nombre des chiffres de la période est toujours moindre de un que le diviseur.]

Le M. 17^m ; 6 de drap reviennent à 535 fr. 85 ; combien c'est-t-il le mètre ?

Le D. Ici mes mètres de drap sont nn nombre abstrait, et le quotient sera de l'espèce du dividende.

$$
\begin{array}{r|l}
535;85 & 17;6 \\ \hline
89 & 30;446 \\
528 & \\ \hline
7;85 & \\
7;04 & \\ \hline
81 & \\
704 & \\ \hline
100 & \\
0;1066 &
\end{array}
$$

Dans 500, 10 est 5 x de fois ; mais comme il y a un 7, dont le produit serait 350, on ne peut pas y mettre autant. 40 donne 400 pour le produit du premier chiffre, et 280 pour le produit du deuxième. Il est aussi trop fort; 30 ira bien.

Le M. On peut abréger ce tâtonnement en faisant le produit partiel de tête, en commençant par les nombres élevés et soustrayant à mesure. Par exemple, au dividende 7;85. Vous essayez 6 en disant : 6 fois 1, 6; de 7 reste 1, que vous joignez au chiffre suivant 8 pour faire ainsi 18. 6 fois 7, 42; 42 étant plus grand que 18, 6 est trop fort. 5 fois 1, 5; de 7 reste 2, qui, joints à 8, font 28. 5 fois 7, 35; 35 étant plus grand que 28, 5 est trop fort.

Le D. Le dernier chiffre 6 que j'ai mis au quotient, est trop fort ; mais il est beaucoup plus près que ne serait 5, puisque la différence en plus n'est que de 6 dix-millièmes, et qu'elle aurait été de 0;17 en moins si j'avais mis 5.

Le M. Dans une commuue qui paie 59 520;85 de contribution, on a fait une dépense extraordinaire de 10 000 fr.: combien c'est-il pour chaque franc, ou, comme on dit ordinairement, pour cent francs de contribution, aux millièmes près.

Le D. Il faut diviser 10 000 par 57 520;85, aux cent-millièmes près, sauf ensuite à multiplier le quotient par 100.

$$\begin{array}{r|l}
10\ 000 & 57\ 520;85 \\
5\ 752;085 & 00\ 000;17385 \\
\hline
4\ 247;915 \\
\hline
4\ 026;4595 \\
221;4555 \\
172;56255 \\
\hline
48;89295 \\
46;016680 \\
\hline
2;876270 \\
2;6760425 \\
\hline
2275
\end{array}$$

Le M. Assez ordinairement on complète en zéros le dividende et les dividendes partiels. Ce n'est nullement nécessaire ; mais cela peut quelquefois être utile pour arrêter la vue.

J'ai 0;17385, ou pour 100 fr. 17 fr. 385. C'est l'autre partie de la question que j'ai résolue.

[Il faudra avoir l'attention de leur faire faire ainsi des règles de trois, en détail, et sans qu'ils s'en doutent.]

Le M. Vous voyez dans cet exemple que sur la fin de l'opération, aux deux ou trois dernières décimales par exemple, les dernières du diviseur n'influaient plus sur le quotient. On peut d'après cela abréger l'opération en négligeant successivement l'une après l'autre les dernières décimales du quotient.

On a fait scier, pour le prix de 50 fr. 953, 55 mètres de solives : combien c'est-il le mètre ? On n'ira pas plus loin que 3 ou 5 décimales.

```
50        | 953.
476675    |—————————
          |   0;0524
  23325
  19071
—————————
   4254
   4014
—————————
    140
```

J'en laisse une du diviseur ; à la seconde une autre, et ainsi de suite.

J'ai l'attention de multiplier de tête la décimale que je supprime, pour ajouter, s'il y a lieu, les dixaines du produit partiel.

Il est tombé 96 584 litres 5 d'eau sur une surface de 168 mètres carrés : combien c'est-il de litres d'eau pour chaque mètre.

Le D. C'est bien aisé à savoir.

```
96 584;5   | 168
54 000     |—————————
—————————  |  574;907
12 584;5   |
11 760     |
—————————
    824;5
    672
—————————
    152;5
    151;2
—————————
      1;3
```

Dans 90 mille, 100 est 900 fois ; mais comme il y a un 6 ensuite, il faut essayer. Je vois que 6 est trop fort, et je mets 500 au quotient.

500 fois 8, 4000 ; j'écris 000 et je retiens 4, etc.

Je vois, après avoir retranché le produit de 9, qu'il y a un 0 aux centièmes et qu'il y aurait un 7 aux millièmes ; je les écris sans faire l'opération.

Le M. Il y a deux choses que vous pouviez faire, et qui abrégent un peu le travail. D'abord, vous voyez que vous avez écrit au reste, 4 une fois inutilement, et 5 deux fois. On peut se dispenser, et d'écrire les zéros du produit partiel, et d'achever la soustraction ; on peut se contenter de la faire sous les chiffres significatifs, et de descendre les autres chiffres du dividende un à un.

Vous pouvez aussi faire la soustraction du produit partiel à mesure que vous le faites, et n'écrire que le reste, c'est un moyen d'abréger ; mais lorsque vous avez de fort nombres au diviseur, il vaut mieux écrire le produit entier, parce que vous pouvez le vérifier avant la soustraction.

[Il est inutile de répéter que l'élève doit savoir faire la division, quelle que soit la position que l'on donne au dividende et au diviseur.

La preuve de la division se fait par la multiplication, ou par la division inverse.]

Le M. Vous avez à diviser un nombre par un

autre, 84 par 7; qu'arrivera-t-il si vous doublez le dividende , qu'au lieu de 84 ce soit 168 ?

Le D. Que le quotient sera doublé, qu'au lieu de 12 il sera 24.

Le M. Et si vous multipliez le dividende par tout autre nombre ?

Le D. Le quotient se trouvera multiplié par ce même nombre.

Le M. Si le dividende étant le même, 84, vous doublez ou triplez le diviseur, quel sera le résultat ?

Le D. Que le quotient sera deux fois, trois fois plus petit.

Le M. Et si vous multipliez à la fois le dividende et le diviseur par le même nombre, quel sera le quotient ?

Le D. Le même; et encore si je les divise par le même nombre, à quoi cela est-il bon ?

Le M. Le nombre des chiffres n'est-il pas une des choses qui peuvent rendre une division difficile?

Le D. Sans doute.

Le M. N'y a-t-il pas des chiffres par lesquels il est plus aisé de diviser que par d'autres ?

Le D. Les petits nombres, et surtout 10, 100. 1 000.

Le M. Vous avez à diviser 52 464 par 368. Divisez les deux nombres par 2, puisque tous les deux sont pairs.

Le D. 26 232 par 184. Je puis encore diviser

par 2, 13 116 par 92. J'ai encore des nombres pairs, 6 558 par 46, et enfin 3 279 par 23. La division sera plus facile. Le quotient est 142, 563 et 29 autres décimales avant de recommencer.

Le M. Divisez 37 875 par 625, et, pour abréger, multipliez l'un et l'autre de ces nombres par 8.

Le D. C'est un singulier moyen d'abréger. 303 000 à diviser par 5 000. Je multiplie encore par 2, parce que je vois un 5, et j'ai 606 000 à diviser par 10 000, ce qui fait 606 à diviser par 10 ; c'est 60, 6.

HUITIÈME LEÇON.

[On fait extraire à l'élève la racine carrée de nombre entiers de plusieurs chiffres, de petits nombres, avec des décimales. On lui demandera, entr'autres, la racine carrée de 10 avec 14 décimales.

On fera observer, comme pour la division, l'inutilité de recopier tous les chiffres du nombre à chaque soustraction. Cette opération, un peu plus longue que la division, n'est pas plus difficile.]

Le M. Extrayez la racine carrée de 20 164.

Le D.

$$
\begin{array}{c|c}
20164 & 142\,; \\
1 & \\
\hline
 & 2 \\
201 & 282 \\
96 & \\
\hline
564 & \\
264 & \\
\end{array}
$$

Le carré de 100 est 10 000; mais, d'après ce que vous m'avez dit, je n'écris pas les zéros. Il reste 10 164 à diviser par 200. Comme les deux derniers chiffres ne feront rien au quotient, je ne descends que les deux premiers. Je double 2, et j'ai 4 aux dixaines.

Le M. Au lieu de faire les soustractions partielles, vous pouvez écrire 4 après le 2, et multiplier 24 par 4. Cela fait le carré de 4 et le produit de 4 par 20.

Vous vous souvenez des produits qui forment le cube.

Le D. Le cube des dixaines, le triple des dixaines multiplié par les unités; le triple des unités multiplié par les dixaines, le cube des unités.

Le M. Vous en savez assez avec cela pour extraire la racine cubique de 79 507.

Le D. Le cube de 10 est 1 000; celui de 100 est un million. Ainsi il n'y a que des dixaines et des unités.

Quel est le plus grand cube de dixaines contenues dans ce nombre ?

Le M. Comme les trois derniers chiffres n'y font rien, vous n'avez qu'à voir quel est le plus grand cube d'unités contenu dans 79.

```
Le D.  79 507 | 43
       64      | 18
       ───────
       15 507    4800
       14 400       9
       ───────
        1 107     120
        1 080    ────
       ───────   1080
           27
           27
       ───────
           00
```

Le plus grand cube est 64, que je retranche de 79. Je sous-entends toujours mille. Il me reste 15 507, que j'ai à diviser par 4 800, triple de 1 600 ; mais comme les deux derniers chiffres n'y font rien, c'est 155 à diviser par 48. J'essaie 3.

Il reste 1 107 ; j'en retranche 9 multiplié par 140, qui fait 1 080. Il me reste 27, d'où je soustrais le cube de 3, et il ne reste rien.

Le M. Comment auriez-vous fait s'il y avait eu des c à la racine ?

Le D. J'aurais fait comme pour la racine carrée ; j'aurais traité les centaines comme des dixaines, et quand j'aurais eu les vraies dixaines j'aurais fini l'opération.

Le M. Extrayez la racine cubique de 10.

Le D. C'est 2.

Le M. Oui, mais je la voudrais plus approchée, au millième seulement.

Le D.	10	2;153
	8	4
	2	12
	9;261	4;41
	0;739	3
	9;948375	13;23
	0;051625	13;8675

Il ne peut y avoir qu'un à la racine.

Le M. Vous aurez plus tôt fait de cuber 2;1 pour le retrancher de 10, que de faire les produits partiels.

Le D. 100 moins 9;261, il reste 739 ; dans 0;739 il peut y avoir 13; 005.

Dans le troisième reste, il est encore 3 fois.

Le M. Il y a des moyens directs pour extraire les racines des autres puissances, mais avec ces deux-là vous en avez assez.

[Suivre l'extraction de la racine cubique de 10 à 7, à 8 décimales, et la racine quatrième de 10 à un égal nombre.]

NEUVIÈME LEÇON.

Le M. Les propriétés que nous avons remarquées dans les nombres lorsque nous les exprimions avec des lettres , sont les mêmes pour les nombres exprimés en chiffres.

8*

Le D. Si ce n'est qu'au lieu de dire les unités du dernier, ou des deux, ou des trois derniers ordres, il faut dire le dernier, les deux ou les trois derniers chiffres.

Le M. Et que pour 3 et 9, au lieu du nombre des chiffres il faut dire la somme des chiffres.

Le D. Je voudrais bien savoir le moyen de reconnaître les multiples de 7.

Le M. Comment avez-vous fait pour prouver la propriété de 9 ?

Le D. Je l'ai décomposé en 9 et 1, que j'ai élevé au carré. Les trois premières parties sont toujours multiples ; il ne reste que le carré de 1.

Le M. Faites donc la même chose pour 7.

Le D. 10 est égal à 7 et 3.

Le M. Donc il faudra multiplier les dixaines par 3.

Le D. Le carré de 3 est 9 ; les autres parties sont 49 et 42 ; mais dans 9, 7 y est encore une fois, et il reste 2.

Le M. Nous multiplierons les 100 par 2.

Le D. Pour le cube, il y a les trois premières parties qui sont multiples de 7; la quatrième est 27 : il a 21 et 6.

Le M. Ce sera par 6 qu'il faudra multiplier les м.

Le D. Pour la quatrième puissance, 7 fera aussi partie de tous les termes, excepté du dernier. Nous aurons 4 pour multiplier les $\dot{x}$, et pour les $\dot{c}$ le reste de 243, moins 238 ou 5.

Le M. Au-delà vous retrouveriez la même série, qui recommence par 1, qu'il faut aussi mettre sur les unités. — Appliquez cela à 227 395.

Le D.   546 231
                 227 395

5 fois 2, 10 ; reste 3. 4 fois 2, 8, et 3, 11 ; reste 4. Je saute 6 fois 7. 2 fois 3, 6, et 4, 10 ; reste 3. 3 fois 9, 27, et 3, 30 ; reste 2. 1 fois 5 et 2, 7.

Le M. Vous voyez que c'est plus long que la division, que vous pouvez faire à vue.

Le D. N'importe, je me souviendrai de 546 231.

Le M. Vous pouvez faire moins d'efforts de mémoire, puisque vous multipliez les $\dot{m}$ par 6, c'est-à-dire, puisque 1 006 est diviseur de 7, 999 le sera aussi ; ainsi vous aurez multiplié les mille par 1, mais il faudra retrancher le produit de la somme des trois premiers. — Continuez la même marche.

Le D. Il me fallait multiplier les $\dot{x}$ par 4, en ajoutant ; je les multiplierai par 3 en retranchant, et les $\dot{c}$ par 2, au lieu de 5 ; ainsi j'écrirai : des trois derniers chiffres, 38 ; des trois autres, 17. Le reste est 21, divisible par 7.

$$231$$
$$227\ 395$$
$$231$$

[On fait faire la même opération sur 13.]

Le M. Il suit de là que tous les nombres de cette forme 134 134, etc., sont divisibles par 7 et par 13.

Le D. Et par 91.

Le M. Il y a encore quelque chose de plus court : 1001 est divisible par 7, 11 et 13. Profitez de cette propriété.

Le D. En prenant les nombres par tranches de 3, il faudra que la différence entre la somme des tranches paires et celle des tranches impaires, prises comme des nombres de trois chiffres, soit divisible par ces nombres.

Le M. Essayez sur 487, 324, 678, 961.

Le D. J'ai 1 155 à retrancher de 1 285 ; le reste est 130 : donc le nombre est divisible par 13.

Le M. Vous pouvez appliquer la même méthode à 2, à 4 et à 8 ; elle vous donnera les résultats que vous connaissez déjà.

Les nombres qui ne sont point divisibles par d'autres, sauf l'unité, sont les nombres premiers. S'ils n'ont point de diviseur commun autre que l'unité, ils sont premiers entre eux.

[On fait faire la table des nombres premiers, au moins jusques à 100.]

Le M. Comment reconnaîtrez-vous les diviseurs d'un nombre ?

Le D. En essayant les nombres premiers, et puis en les essayant encore sur les quotiens.

Le M. Quel sera le plus grand diviseur d'un nombre ?

Le D. Le quotient de ce nombre par le plus petit diviseur.

Le M. Cherchez les diviseurs du nombre 208 845.

Le D. Il est divisible par 5, 9, 7 et 13.

Le M. Rangez ces diviseurs par ordre, en mettant les quotiens au-dessous.

Le D.

208 845	3
69 615	3
23 205	3
7 735	5
1 547	7
221	13
17	17

Le M. Jusques où essaierez-vous les nombres premiers sur un nombre, comme 599, par exemple ?

Le D. Comme 599 n'est divisible ni par 2, ni par aucun autre nombre premier jusqu'à 10, son plus grand diviseur est plus petit que 60, et en continuant comme cela je verrai que je ne dois essayer les nombres que jusques à la racine du plus grand carré contenu dans le nombre proposé.

Le M. Comment ferez-vous pour savoir si des nombres sont premiers entre eux, et quel est le plus grand commun diviseur ?

Le D. Je chercherai les diviseurs de chacun.

Le M. Il y a un moyen plus court et plus direct. Vous souvenez-vous que nous avons dit que si un dividende et un diviseur étaient divisibles par 9, le reste serait aussi divisible par 9 ?

Le D. Certainement si pour chaque 9 qu'il y a dans les deux premiers on mettait des jetons, il est bien clair qu'après en avoir ôté un certain nombre, il resterait encore des mêmes jetons.

Le M. A présent soient les nombres 6 970 et 1 599 : quel est leur plus grand commun diviseur, s'ils en ont ?

Le D. L'un est divisible par 10, l'autre par 3 ; je n'y vois pas autre chose.

Le M. Divisez le plus grand par le plus petit.

Le D.

$$
\begin{array}{r|l}
6970 & 1599 \\
6396 & 4 \\
\hline
574 &
\end{array}
$$

Le M. N'est-il pas vrai que s'il y a un nombre quelconque N qui soit contenu dans 6 970 et 1 599, il l'est aussi dans 574 ?

Le D. Oui, car nous l'avons ôté de 6 970, tout juste quatre fois qu'il était dans 1 599.

Le M. Divisez à présent 1 599 par 574.

Le D. J'entends, le *N* sera encore caché dans le reste.

$$\begin{array}{r|l} 1599 & 574 \\ 1148 & \overline{2} \\ \hline 451 & \end{array}$$

Je vais encore diviser 574 par 451, c'est-à-dire, le soustraire.

$$\begin{array}{r} 574 \\ 451 \\ \hline 123 \end{array}$$

Le *N* est encore dans 123 et dans 451. Je divise l'un par l'autre.

$$\begin{array}{r|l} 451 & 123 \\ 369 & \overline{3} \\ \hline 82 & \end{array}$$

123 moins 82, fait 41, et 41 est la moitié de 82; donc 41 divise 82, 123, 451, 574, 1 599, et 6 970. Je vais le vérifier : il est 39 fois dans 1 599 et 170 fois dans 6970.

FIN.

ERRATA.

Page 50, ligne 21, au lieu de *paillons*, lisez *potirons*.

Page 68, ligne 13, au lieu de *peu après*, lisez *jusques*.

Page 84, ligne 1, au lieu de *joignez*, lisez *figurez*.

Page 96, ligne 22, au lieu de *qui n'est plus grand ni plus petit que un, nombre, etc.*, lisez *qui n'est ni plus grand ni plus petit qu'un nombre, etc.*

Page 103, ligne 7, au lieu de *mm*, lisez *ccc mm*.

Page 106, après la ligne 19, ajoutez : *Je vais commencer les produits partiels par les gros nombres.*

Page 113, ligne 1, au lieu de *uns*, lisez *un*.

Page 135, ligne 13, ajoutez *Le M.*, et ligne 15, ajoutez *Le D.*

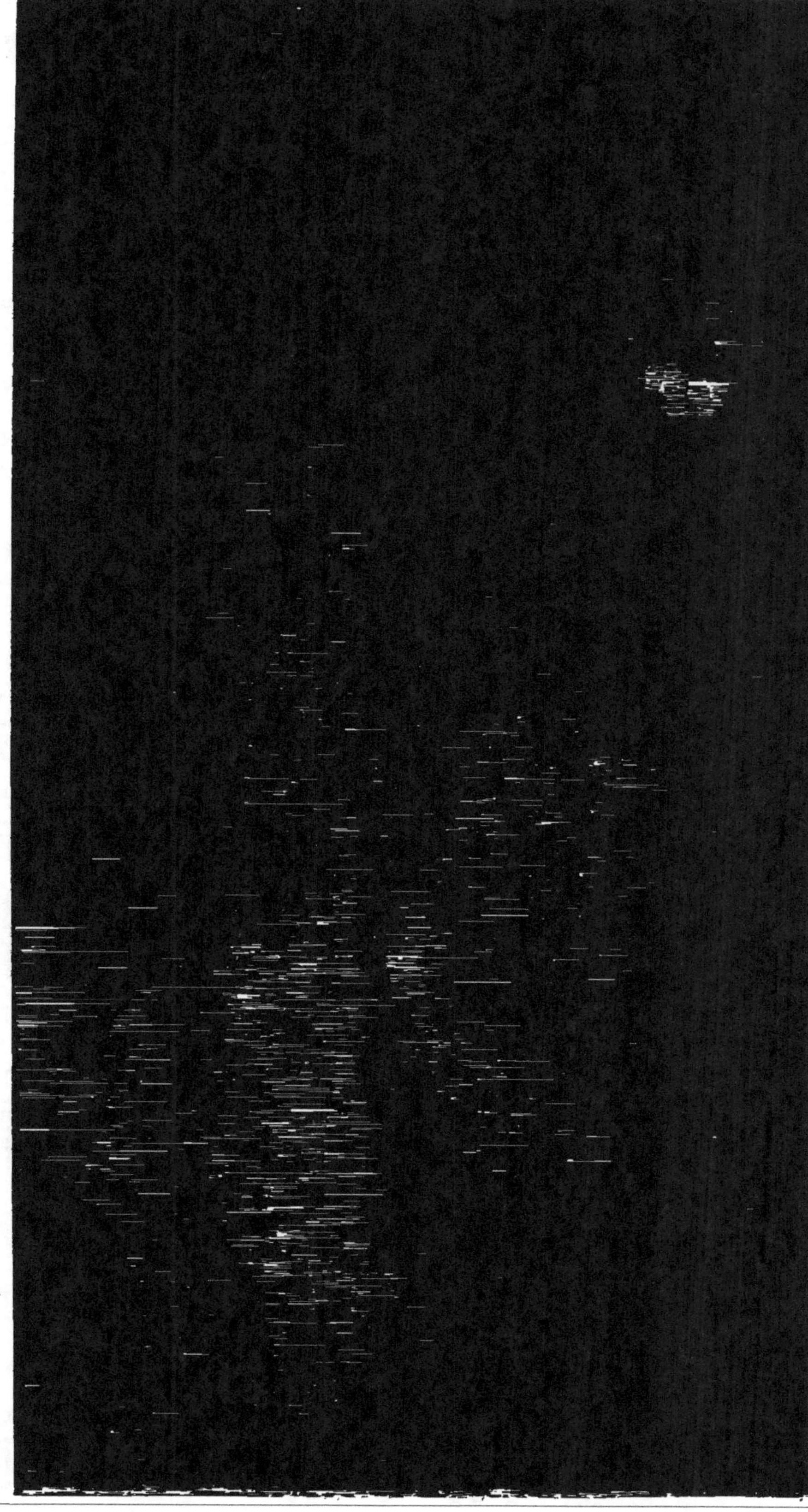